Leaves
Publishing

根
以讀者為其根本

莖
用生活來做支撐

葉
引發思考或功用

果
獲取效益或趣味

誰叫妳當媽媽！

——鞋底的口香糖

向日葵 SUNFLOWER

誰叫妳當媽媽—— 鞋底的口香糖

作　　者：陳妮昂
出　版　者：葉子出版股份有限公司
發　行　人：宋宏智
企劃主編：鄭淑娟
行銷企劃：汪君瑜
文字編輯：陳淑儀
內頁繪圖：ajohn
內頁設計：李宜芝
封面繪圖：黃建中
封面設計：李一平
印　　務：許鈞棋
專案行銷：吳明潤、張曜鐘、林欣穎、吳惠娟、葉書含
登　記　證：局版北市業字第677號
地　　址：台北市新生南路三段88號7樓之3
電　　話：（02）2366-0309　傳真：（02）2366-0310
讀者服務信箱：service@ycrc.com.tw
網　　址：http://www.ycrc.com.tw
郵撥帳號：19735365　　　　戶名：葉忠賢
印　　刷：鼎易印刷事業事業股份有限公司
法律顧問：北辰著作權事務所
初版一刷：2004年 11 月　　　新台幣：280元
I S B N ：986-7609-40-9
國家圖書館出版品預行編目資料

誰叫妳當媽媽：鞋底的口香糖 / 陳妮昂作.
　-- 初版. -- 臺北市：葉子, 2004[民93]
　　面；　公分

　　　ISBN 986-7609-40-9（平裝）

　　　　1. 育兒 - 文集

　428.07　　　　　　　　　93017817

總　經　銷：揚智文化事業股份有限公司
地　　址：台北市新生南路三段88號5樓之6
電　　話：(02)2366-0309
傳　　真：(02)2366-0310
※本書如有缺頁、破損、裝訂錯誤，請寄回更換

◎前言

鞋底的口香糖

　　沒打算當娘，卻生了一個兒子。無法想像，單單那麼一個小人兒，可以弄出最吵鬧的聲響、闖出嚇人的事件、說出令人昏倒的話。看到微波爐裡熱得爆跳開來的豆子，他說那是在鬧鬼！吃到無子的橘子，他說那橘子是公的。幻想自己還在我肚子裡時太暗了，說要在我肚子裡裝上電燈，卻還貼心的問，會不會電到我？看了電視模仿催眠，便盪著搖晃的水壺來回甩碰我的臉……。

　　生這個兒子就像路上不小心踩到了口香糖，怎麼甩，它都還頑固的塞黏在鞋縫中。一失足成千古恨，時時擾著我，一刻都不得安寧！尤其是狀況不好的時候，只要一聽到他喊「媽——咪——！」我整個人像是被踩到尾巴的貓，披頭散髮、眼佈血絲，喵的一聲吼出：「衝啥（做什麼）！」因為我不知道他是否又打破了我的達摩，還怪我達摩「仍是」收得不夠高；或是他要把在學校用黏土做的螞蟻帶回來，那跟家裡的螞蟻不一樣，牠不用吃東西、也不會亂咬，然後堅持跟上次做的那「一坨」陶土烏龜一起擺在電視機上；或者是要擤一坨鼻涕在我的南瓜湯裡，說要為我那鍋超級難喝的南瓜湯調味。而我這廂正聚精會神寫著報導美食的稿子，或是打橋牌喊到六線被賭倍再賭倍……。

　　第一次當母親，當了才邊學。我母親待我的那一套，老早不復記憶，或許也不太成功呢，因為我不時還會用惡劣的言語忤逆她，逼得她得下咒語勸我，要我待她好一點，免得孩子長大後如法炮製還給我！

　　我知道自己有幾兩重，與孩子之間的互動，絕對沒有什麼份量去傳遞任何神聖的訊息。如果真的對人有一點提示的話，我倒是滿樂意把與孩子的生活瑣碎提供出來與

大家分享。沒有自謙或誇大，這本書真的只是一位平凡的母親（？）與一個怪怪的小子莫名其妙的日常生活。我是生了一個兒子沒錯，但我從來沒有感覺自己是一位母親，我沒有做母親的溫柔、慈愛、耐心……，別人看我也不像，因為，我看起來是只要隨意蹲在路旁，就會有人丟銅板給我的那種人。所以，無兒的人可能會很憂鬱，但生了這個兒，我卻懷疑自己是否已經精神分裂？

　　無法想像，這麼一個小人兒，可以帶來多少的歡樂、多少的幸福，以及多少發人省思的真知創見。他是兒、是惡魔、是天使、更是一位老師。

　　在我匆匆忙忙活了三十年，終於比較能靜下心來體認生命的某些道理時，生命之初的點點滴滴卻不復記憶。但透過這個兒，我又回到生命的源頭，跟著重新走一遍。這一遍呢，唉——其實不是嘆息，而是無盡的感恩與謝意。

目錄 CONTENT

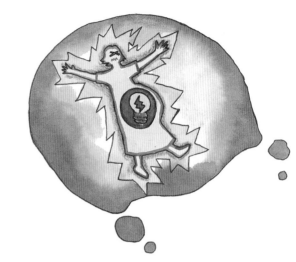

生了一個兒

超幸福媽媽守則一

餵母乳，一來省錢，二來省事，不用半夜起來泡牛奶。

超幸福媽媽守則二

別急著要孩子開步上路，沒事多爬爬，統合能力訓練好，媽媽就省力。

超幸福媽媽守則三

不要刻意要制止孩子玩小雞雞，玩耳朵和鼻子不見得比玩雞雞高尚。

超幸福媽媽守則四

培養孩子獨立的自信心：跌倒了不驚慌；哭的時候，不濫情放縱的去疼惜，讓孩子學習處理自己的行為情緒。

超幸福媽媽守則五

每天保持心中祥和入睡，孩子會跟著一覺到天亮。若帶著怒氣整夜失眠，孩子也會整夜睡不安穩。

想 生一個豆

      對於人生，我是不會太為難自己，在活得有點悶時，爽快結了婚，進入另一階段的人生旅程。結婚時，該玩的應該都玩乏了，要正經生活時，就得甘願整頓一下心情，走入家庭扮一扮社會認同的正常角色。面對婚姻，我沒有太掙扎，橫豎睏了，自然會找一個地方歇歇腳。

＊　　　　＊　　　　＊

      確定懷孕時，是在麻將桌上。便利商店買來的測試劑，剛驗時，牌桌上的人砌好牌等我一個，來不及看結果，匆匆趕回桌上抓牌。打個段落又尿急，回到洗手間，仔細看了試紙上的條紋，就是了吧！把試紙拿到牌桌上揚了揚：

      「各位，我懷孕了耶！」心情倒沒有什麼特別的。

      即將初為人父的老公也是面無表情，只是哦了一聲。

      老哥擲出骰子：「南風起！」

      早在懷孕前，我就想生一個豆，不管性別是什麼，我就是要生一個豆！豆是象形文字，是古代祭祀時裝供品的盤子。我也要我兒用「豆」這個名，好好裝著自己，循敬生命這個大禮。現在，豆已經來了。

      豆，你來吧！你看這世界是多麼的歡迎你，大家都如此熱烈的期待著你！

      「摸門牌，還有沒有人要補花？出菜！」大嫂用手揮畫向每一個人吆喝著。牌桌上的賭徒賭性正高，個個摩拳擦掌，沒人理會我的測試劑。

＊　　　　＊　　　　＊

      懷孕初期，我不像一般孕婦有害喜的不適，生活與原來無異，仍是百無禁忌的照吃照睡。約莫四個月時，從醫生指示的超音波看出豆是個男孩，那生殖器是大刺刺的晾開，看得一清二楚。有些孩子會蜷著腿或曲著身，教人摸不清楚是男是女。

這一「點」，豆倒是一開始就滿爽快的表現出來！

　　懷有兒，自然會有為娘的責任。偶爾我也會翻翻育兒書籍，書上說要聽一聽古典音樂，好讓孩子在娘胎裡就開始接受藝術的薰陶。想到時，當然會端正面目好好聽一下莫札特。還不太能聽柴可夫斯基，書上說柴可夫斯基比較激烈外帶神經質，莫札特輕快活潑，投餵孩子剛剛好。可惜了，一八一二序曲的加農砲！

懷這個豆，雖然本身沒什麼不適，但母血篩檢是屬唐氏症高危險群，做過羊膜穿刺後才知孩子是正常的。這裡寫來兩句話，期間心情卻整整懸宕四星期。懷孕末期，又因羊水過多，醫生斷定孩子一定有問題，不是腦部有缺陷，就是脊椎或腸胃發育不完全……，仔細作了超音波檢查，查不出來，醫生沒輒的說：「擺著吧！」沒查出毛病也不能隨便就拿掉，我只好帶著忐忑的心情懷著這個怪胎回家。

＊　　　　　　　＊

在待產室，事先我要求作無痛分娩，孩子不生多，想生得有品質一點，不想讓自己生得過於痛苦狼狽。麻針一劑劑打，體質關係，對麻藥過敏，一般的劑量對我來說是過強了，動彈不得時還吐了人家一床。等稍微回了神，子宮頸已開了五公分，醫生說：「快了！」三小時後，依然還是五公分。我與先生拿出撲克牌打大老二消遣時間。隔壁幾床的產婦沒打麻針，收縮的陣痛，讓她們忍不住發出淒厲的哀號，一聲高過一聲，聽了就教人不寒而慄！這時我對痛不欲「生」，終於有了一個新的體認。

又過了兩小時，醫生推來超音波瞧瞧肚子裡的狀況。頭是朝下的，正確；但身子沒趴過去，臉仍是瞧著正面，隔個肚皮兩隻小眼與醫生四目對望。醫生說：「剖腹吧！骨盆太窄，卡住了！」這時我已打了近十小時的麻針，體力殆盡也將不省人事。模糊中，先生拿起我的右手，扳出大拇指按了印泥蓋了兩三份文件。「是什麼呢？」我記得發問了。先生操著我的拇指，按一張答一個：「這是放棄孩子監護權……這是放棄贍養

費……這是無條件接受老公納妾……。」

　　我被推進開刀房，唯一的感覺是好冷，麻醉醫師很溫柔親切的說要幫我處理……。豆出世的哭聲是醫生搖醒我聽的，看了一秒，眼皮又沈重的闔回去了，好累！

　　直到豆出世，終於才確定我生下的是一個完整健康的孩子，沒有故障沒有畸形。每一個懷孕的母親，在孩子未出生前，最操心疑慮的莫過於此，一直要到孩子落地，看到真實的結果，那顆心才會放下來。唉——辛苦？錯！劫難才要開始呢！

餵母乳

　　養孩子，一開始就打定主意要餵母乳，一來省錢，二來省事，不用半夜起來泡牛奶。

　　為了餵母乳，我住的是母嬰同房，孩子就在身邊，不放育嬰室。抱起豆，我掏出乾扁的乳頭餵豆。第一次餵奶，豆像小豬一樣，整個頭埋在我的胸前亂竄。明明乳頭就扶到豆的嘴邊，豆還是閉著眼、張著嘴鑽來鑽去。終於接合，開始吸啜，感覺像被強力吸塵器吸住；一陣狂啄，乳汁兩滴！兩滴喝完擺下豆，豆根本沒吃飽，哪依，號哭個不停。但書上說，孩子喝多少，乳汁分泌多少，兩者供需是平衡的。雖然只有兩滴乳汁，豆，那就是該你的份了，別強求！豆哭了一整夜，第二天，隔壁房的產婦被吵得受不了，要求提早出院。

　　後來，我才知道，供需平衡是指母乳哺餵「一段時間後」的自然現象，是在兩、三禮拜或一、兩個月後，而不是一開始。而且，邊餵奶，邊看電視裡賀伯颱風

的威力，一位婦人走失了三百頭小豬，想哭都沒眼淚。看得我也跟著喉頭哽咽，心糾緊得很，影響所及，乳汁更是分泌不出。沒乳汁，豆吃不飽，只好到育嬰室要來牛奶，一滴滴用滴管慢慢滴給豆喝，書上說不能直接用奶瓶餵，怕吸慣奶瓶順口了懶得使力啃母乳。

我是一個笨直的母親，只能照著書上的道理走，如果自信篤定一點，兩者應該有個彈性的空間，但，乳汁不夠，我不太敢相信豆牛奶喝喝會回頭來吸母奶。豆就在捱餓的情況下，嘗試到人生的第一滋味。

※　　　　　　　　※　　　　　　　　※

孩子要離開醫院時，護士小姐抱去作完最後的檢查，特地灌豆一大瓶牛奶，使豆一路安穩的睡足五個小時，回到家都還在甜蜜的夢鄉。這是豆自出生，一直成長到滿兩個月，睡得最長的一次。其餘的時間，豆大半是掛在我的雙乳間等待母奶。

奶水的不足，尤其在坐月子期間，每天二十四小時，豆有二十二個半小時是埋在我胸脯等奶，也就是，豆餓得離不開奶頭。那時的我無時無刻不是抱著豆，即使晚上睡覺也不得放下。第一次育兒，根本不會躺在床上哺乳，最省力的姿勢也只能是偎坐在椅上抱著餵奶。日夜抱著豆，嚴重的睡眠不足，更影響乳汁的分泌。即使乳房已吸不到半滴奶，但豆吃不飽，怎麼拔也拔不下來。拔不下來，越是賴在我身上，累得我更是泌不出奶，兩個人就這麼惡性循環著。

偶爾鄰居過來探看新生兒，聽說餵母奶，都感到新奇的要瞧瞧。其中有餵奶經驗的歐巴桑，還會趁機戳戳我的乳房，看有無漲奶的飽硬。

一戳，乳房乾扁，歐巴桑說話了：「按呢那有奶，囝仔會夭死哦！」餓死我也不管，就是不添牛奶，看誰撐得住！以前的人牛奶不似現在方便，一生又滿豬圈，沒母奶他們是怎樣養孩子的？擱著，懶得想。

※　　　　　　　　※　　　　　　　　※

白天，偶爾還可請婆婆幫忙抱一下，晚上大夥都累，且隔天都還要上班，我也

不忍心半夜把先生吵起來抱兒。咬緊牙關搖著豆，精神體力常常透支到沒辦法控制情緒。好幾次累到想把孩子摜到地上。

家裡更是不時向我施遞一個訊息，添個牛奶吧！但是，書上說，吃母奶的孩子是要使力的，要有耐心和技巧才吃得到奶，如果牛奶餵上癮了，好逸惡勞的天性被養成，孩子就會選擇安逸的躺在床上吞牛奶，漸漸就不會再努力來等待母奶。道理知得太多也是個困擾，我就照著書，亮著死魚眼堅持以不摻雜牛奶的原汁哺育我的豆，甚至連水都少餵，一切要豆忠於原味。

＊　　　　　　＊　　　　　　＊

託生子之福，坐月子期間，感謝婆婆的用心照顧，每天除了端進房的豐盛三餐外，餐與餐之間一定還有一碗雞湯或鮮魚湯。在這些湯湯水水強大火力的支援下，滿月過後，乳線終於暢通，乳汁也比較充沛，可以隔兩、三個小時再餵食。其實，時間並沒有很規律，豆仍是隨心所欲，歡喜了就靠過來吃奶，只是中間喘息的時間增長了，光是這一點，就夠教我安慰了。

「馬特拉」屎龜

哺餵母奶，孩子拉出來的糞便還真是蛋花湯的稀。看著豆的便，想像不出那是純母乳煉製的。而且，現吃現拉，保證新鮮，一點都不溫存留戀。常常豆嘴裡都還在吸著，緊接著就看到他臉色一陣青紅皂白，身體一扭捏，啪一聲，大腿像被強力氣流掃到，一泡屎就這麼聲勢浩大的蹦出來。

講到拉屎，書上說，用布尿布比較透氣環保。我這種人，知道道理了就遵行不悖。所以豆吃母奶、包布尿布，一切遵循古禮。好了，好戲上場了！屎拉在布尿布，不能屎完即丟，更不能丟在洗衣機攪拌，得拿到浴室去沖洗。可憐（不是我），害慘了婆婆，為了媳婦一切莫名其妙的理論，三十年後還得再洗一次屎布。

她說，以前農村還有田溝可抖洗，現在只能拿到浴室用蓮蓬頭沖。我心裡雖然過意不去，但是，書上說……。

＊　　　　　＊　　　　　＊

不曉得母乳的威力驚人，還是豆的腸胃有問題，他一天要拉上十來次的屎。我看情況有異，仔細記錄豆拉屎的次數，每天至少要超過十次，這次數，多過書上的平均統計。終於發現豆的第一項特異功能了：「拉屎」！

豆雖然多吃多拉，但胃口與活動力一切正常，書上說，只要這兩者有在正常運作，保證孩子是健康的。我也就篤定的接受，我的兒是一隻吃了馬上就會拉特大泡屎的「馬特拉」屎龜。只是心中不免有個期待：兒啊！你什麼時候才可以拉條長屎給娘看？不要每次都是拉這些散彈似的「雞搭哩（雞屎）」。莊子、卡繆、四書、尼采……這些書都沒提到要怎樣接受從拉稀到拉屎之間的心情等待。

有一天早上餵奶真是精采，那不像半夜閉著眼猛吸一口順暢到底的吃法。而是半瞇著眼，叼著奶頭又吸又拉又扭扯，搭在胸口的小手是五爪開張的用力抓、用力扒，兩條腿則是拼命踢、拼命蹬，身上像爬滿毛蟲般曲彎伸蜷、扭個不停，以為豆是中了什麼邪？突然，噗的一聲，一大泡屎蹦了出來，只見豆含著奶頭，臉上露出心滿意足的微笑！哈，你這個兔崽子，還當你著了什麼道呢！原來只是恭候一坨屎，唉！

＊　　　　　＊　　　　　＊

純汁打造的豆有點拉肚子，稀稀的便中還有一些些血絲，看了有點擔心。但我生性懶惰，自己身體又頗健康幾乎沒病痛，很少上醫院，所以要帶孩子看醫生，想到那些手續關卡就覺得好麻煩，自己懶得看醫生了，當然更不會勤勞到帶人去看醫

生，有病痛……自己想辦法好起來吧，豆啊，可別太勞累你娘喲！

*　　　　　　*　　　　　　*

這天，豆突然大了一坨鼻涕般的屎，那個屎樣一看就知道不同以往，而且裡面又帶有血色，這次真的把我嚇死了！不敢再硬撐耍帥，把屎包起來帶去給醫生看，醫生瞧個半天，直說奶瓶消毒不乾淨，吃壞了肚子！我嗆，吃母奶的那來奶瓶！醫生又說，乳頭沒消毒乾淨。我咧！乳頭要用什麼消毒？古時候有人消毒乳頭的嗎？醫生吱吱唔唔說不出個所以然，反倒問我：「不然，是按怎會按呢（怎麼會這樣）？」真是的，我要知道原因，就不用來請教醫生了，還花了我一百元掛號費！拿回了藥，想到醫生那個兩光的神情，搞得我不太有信心，藥也沒弄給豆吃，我想他大概會自己好吧！結果那天，豆一整天沒大便。

吸 奶大作戰

三個月，可以抱到室外放放風了。住家附近剛好有個運動場，偶爾抱豆到外面運動場上看人打籃球。來來往往一群年輕小伙子，跑跑撞撞就搶遞著一顆球。豆可以靜靜的看上半小時，一動也不動，才三個月大的孩子！

*　　　　　　*　　　　　　*

此時的豆喜歡吸吮自己的拳頭勝過吃奶。剛開始以為母奶不夠他吃，豆才會另尋新歡。所以看到豆吸拳頭，我吃醋的拂開他的小手，快速遞上自己的乳頭；結果豆抵死不從，令人有點氣餒。後來看豆舔拳頭舔得津津有味、匝匝作聲，高興的不得了，就由他去了。正食飽足後都會來點野味，從孩子身上就瞧得出來。所以，不用太計較了。

不過豆吃奶的時候，很容易被外界的聲音影響。隨便一個風吹草動，豆立即停止吸奶，瞪大眼搜索聲源。有時更誇張，口中仍含著奶，一個聲響，使豆猛然一扭

頭，連帶著把奶頭扯得老遠老遠，再啵的一聲放開彈回來！夭壽哦，都沒想到他娘的奶還是人肉作的呢！當橡皮扯了。

＊　　　　　　　　＊

　　三個多月，母子間的衝突正式展開。豆因我的奶量太大時常嗆奶，開始對我的乳頭產生敵意，常常想到就發顛的用力磨咬，痛得我得用手將豆的頭掰開。豆被掰開，生氣哀哀叫；不掰開，換我痛得哀哀叫。餵一頓奶，母子倆互不相讓的哀來叫去，宛如一幅人間悲慘圖。

　　這個奶量哦，說來話長。月子期間，乳線未通，乳汁少到自己都快沒信心，但拉不下臉認錯，硬是熬了下來。現在乳來了，量之大，豆吞不了撇過頭閃開，乳汁還會噴得豆一臉！我都笑稱那是免費的潤絲。如不是發生在自己身上，所謂的噴乳反應，我只會把它當成書中名詞，不會相信乳汁可以如此的噴出來。不是涓涓滴流，真的是豐沛到噴出一道「乳柱」，力道強到接近九十度角，頗壯觀的。

　　其實以三個月大的小孩來說，豆的忍耐力算是不錯了，頗能承受外來的考驗，比如等奶（真的是要等，母奶不是一吸就有，要等上好一陣子的）、嗆奶、被噴得一頭奶……，豆不隨便吵鬧哭叫，除非超過豆的承受點，才用力的嚎哭幾聲。哭過後立即冷靜下來，少有情緒性的喊叫，三個月的娃，果然

誰叫妳當媽媽

是一條漢子！

　　＊　　　　　　＊　　　　　　＊

　　書上說，三、四個月後可以添加副食品，時間不算頂成熟，但我耐不住，開始把豆捉來試驗。第一次餵豆稀釋的蘋果汁，豆吞了一口，全身像毛毛蟲一樣的扭蜷，眼睛也酸閉了一隻。這種孩子成長的點點滴滴，除非為人父母，而且正身歷其境，才會有那麼一點興致來瞧瞧，離嬰孩好遠的人，是不太能體會孩子酸閉了一隻眼有啥好注意的。無奈孩子的成長就是這麼的瑣碎無聊，像大部分的人生。

　　＊　　　　　　＊　　　　　　＊

　　曾經餵奶的時候，母子倆雙目對視將近一分鐘，在這麼專注的眼神裡，真好奇豆的腦中在想些什麼？這麼一丁點大的孩子，一個生命，不曉得自己是個生命的生命（是我主觀的猜測），他的思想開始運作了嗎？用什麼來解讀這世界？更用什麼來記憶自己的解讀？我知道我在看豆；豆，你知道你在看媽咪嗎？看這個把你帶到這世界的人……很奇妙的感覺。

　　＊　　　　　　＊　　　　　　＊

　　滿四個月時，豆奶又吃得比較多，明顯的看出像福祿壽老公公，肥到兩個臉頰垂了下來。豆吃奶的時候，常常埋在我的雙乳間，認真的玩弄著乳頭，當他盡情的在那又咬又磨的時候，有時會忘情的用力一咬，痛得我「哎」一聲。在一片溫馨甜蜜的哺乳畫面中，這一聲「哎」，會把豆嚇得豎起頭來，張大眼瞪我，那表情是說：發生啥米代誌（發生什麼事）？我只能好氣的回看他，說：不痛你的，沒事，咬你的吧！

小 小人兒漸成形

　　豆喜歡聽人講話，也喜歡聽兒歌。每次都會認真的嘟嚷嘟嚷跟著講、跟著唱，唔唔唔。當豆聆聽這些東西時，神情是相當專注，而且嘟嚷的東西，也是嘟嚷得頗準確，準確的意思是，這四個月大的娃，是針對每一個聲音在作特定的回應，不是隨便無意識的咿咿呀呀，我……分辨得出來。還是因為自己的兒，我才會感到如此的神奇？

　　天氣涼了，我知道自己要添衣服，但給豆穿的，就不知要給他幾件才夠？哈，也不困難，看豆冷到那肥垂的雙頰發出顫抖時，就知衣服穿少了！豆冷的時候會發抖，抖到像坐了一部顛簸的吉普車，小孩子肉多，抖起來真是好笑。阿媽看到了說：「夭壽哦！也不多穿點衣服！」

　　豆長不知名的麻子，本來只有頭和臉，後來遍佈全身。紅色的點子到處都是，找來書，開始按圖索驥，看能不能比對出個名堂。結果還是拿著兒童手冊去請教醫生。玫瑰疹，不礙事。豆爹看著這個滿身紅點的麻豆說，現在的豆比馬文才還醜，叫他林二麻子。

　　第一次背豆，大概是新鮮好奇吧，本來是要背著哄他睡的，結果越背豆的眼睛越大，東張西望不打緊，適當的角度，讓豆順勢的吮起拳頭，一副悠哉自得的模樣。小時候看大人背小孩，沒什麼特別的感覺。沒想到自己也有背娃的一天。現在有娃了，卻不會背。每次纏繞背巾時，都還得請婆婆幫忙，婆婆三兩下纏得結實又漂亮。她自己一個人時，也可以一截咬著，一截前後迴繞就綁好。我呢？綁要人家綁，我自己綁的，豆的腳會垂下來，漸漸的就會拖到地；解孩子時還得有人來接，不然背巾一解，一個娃兒就咚一聲直達地面。婆婆每次為我們母子綑綁時都要笑

19

我，還好有人幫忙，不然我一個人怎麼帶小孩，這是真的，沒人幫忙，我真的帶不來，由衷的感謝婆婆！

＊　　　　　＊　　　　　＊

豆一天天長大，越來越有自己的脾氣，這個小人兒漸漸凝聚成形。替豆作日常的記錄，看得見豆的成長，也看得見自己圍繞著豆，心情的起伏轉變，終有一天他會離開我的臂彎，盡早作好準備吧。

連續幾攤宴席都帶著豆出去（不帶都不行，吃母奶的孩子，沒人接得了手），豆場場跟到，表現都尚可，只是把他累壞了。帶出去，不管生張熟魏，一致稱讚豆有雙濃眉及一對福氣的耳朵，聽起來頗得意的。研究所周老師也說這孩子命好，只是，孩子命好，背後一定是有對勞苦的雙親努力撐來的！當場晴天霹靂，得意的笑容凍結在半空中，接下來，那一餐宴席吃得有點難以下嚥。看來我得自求多福，保持清醒，別為兒子作了奴，還心甘情願的為兒數鈔票呢！

開口說話了

滿五個月時，豆無意中發出尖銳的叫聲，並且發現自己可以操控這聲音，對於這個發現，豆相當興奮，整夜睡不著，卯起來「號叫」。我也不理，我是相當尊重人的。豆發狠了一直叫，叫到樓下的阿公上來罵人：「孩子放著哭都不管哦？」原來阿公聽起來像是豆在哭。豆，這就是你的不對了，自己好好檢討，別叫得像哭一般。被阿公一吼，這才打斷了豆的「哀號」。

尖叫之後開始學說話。心情好的時候邊吮著手指邊咕嚕，只是沒人聽得懂。雖然聽不懂，但從豆的神情，知道他是要開始運用聲音表達什麼。真的，五個月的孩子會開口。嗯，我猜啦！

五個月又二十一天，會叫媽了，只是豆不曉得這聲「媽媽」和現實中的媽有啥

關聯。哭的時候真的是叫媽，尤其大便時，媽個不停。聽起來又可憐又好笑。最近會發出單音的聲音。看他一天天長大進步，滿有成就感的。

嗯不出來

五個月時，豆自從加了嬰兒米粉後，大便都往後延，不過還好，剛開始還是軟便。有一回豆兩天沒大便，有點擔心，即使是軟便，豆，求你拉一拉吧！第三天終於有便訊了。豆在放了幾個響屁後，只見他癟著嘴皺著眉頭，用力的一嗯再嗯，果然噗噗噗幾聲，確定有大出來了。可是豆眉頭仍未舒展，八成存貨未出清。果不然，又客氣的拉了幾小泡，終於臉上綻開笑容，只是幫豆換屎布時，天啊！份量多不說，臭氣沖天，讓我乾嘔了好幾聲。當娘當那麼久了，對自己兒的屎仍未免疫。慚愧？不！才不！豆，你趕快長大自己去處理吧，這無賴的屎龜！

*　　　*

豆的食量大增，米糊、香蕉泥一次都吃下不少，不過大部分是拿來敷臉。吃的東西是不少，只是大便一直下不來，

現在放屁成了大家最大的慰藉了。以前怎麼吃怎麼拉，現在卯起來屯積了，這隻「牛Ｂ」，阿公說的，只進不出！

又是好幾天便不下來，現在一天吃好幾次的米糊，卻好幾天才拉一次屎。今晚又是屎得很痛苦。我把豆抱在胸前，好讓豆蹬腿用力，豆已經使力使得滿臉通紅，嚎啕大哭。前段的屎稍硬，但還是軟便，後面拉的屎比他吃的米糊稠一點，都是軟便。豆卻哭得聲嘶力竭，且哭得時間好長。淚水、鼻涕、口水全往我肩上糊過來。我一面要架住豆的腋窩，一面要拍撫豆的背，還不能抱住他的屁股，怕擋住豆的出便口。全家老小就擠在房裡看豆哀嚎解便，真是精采到家了！豆，你多賣力些，我在考慮是不是可收個門票了。

＊　　　　　＊　　　　　＊

後來八個月時，豆有一陣子不喜歡吃東西，臉頰不見，雙下巴也瘦到削尖了。有一天又便秘了，大便卡在肛門口下不來，血流一屁股，真是觸目驚心。豆哭了好久，哭到我都快要昏厥了。最後阿媽忍不住，折斷一支眼鏡腳架，用腳架圓滑的一端把屎挖出來。帶孩子真的是一門工夫哦，這動作我連想都沒想到，換作我的話，我會讓豆靠自己的力氣去與那坨屎奮戰的。但看到那一屁股的血，天曉得！我已嚇得六神無主。豆啊！你怎不會拉屎呢？豆哭累了，一睡睡足了兩小時，可憐的豆。

愛 出外蹓躂

母子倆終於相處出一些樣子了，但是，不會睡覺。母子倆睡得亂七八糟，不分日夜，儘管睡得一塌糊塗，完全不管時差。阿媽說，人家都吃飽要回去睡午覺了，我們才起床，即使有金堆，也早被人搬光了。本來母子倆一睡睡過午，我還以為這只是一天的意外，想不到接連三、四天仍是如此，想起來真是難堪，果真豬一樣睡到不省人事。還好夫家人善良，不計較，睡得舒服醒不來能怎辦？只好接受這種令

人羞愧的常態。

※　　　　　　※　　　　　　※

豆的額頭被蚊子咬了七個包，好像北斗七星，可憐！後腦勺那兩包算是牛郎織女吧！在所有的滅蚊器材都無效後，只好為豆搭上蚊帳。抱著這個花豆出去，人家一看到豆臉上的蚊吻，心疼之餘，都會問：「豆的娘是睏死了？讓孩子給蚊子咬成這模樣？」唉！睡死了，有啥好說。

※　　　　　　※　　　　　　※

此刻的豆整天都想往外跑，抱到外面心情就好。可是只要一進門，便嚎啕大哭。沒辦法，阿公、阿媽還有我，大家輪流往外抱。鄰居們都看到目瞪口呆：「恁媳婦不是才抱回去？」不一會兒，「咦？恁婆婆不是才抱出來？」嘿！嘿！嘿！待會我公公還會再抱一次呢！敬請期待。

哭一聲的小蝦子

豆像一隻活蹦亂跳的蝦子，沒有安靜的一刻，心裡納悶著，是不是獅子座的過動兒？除了活動力旺盛，發音倒發得不錯，已會發出媽媽、爸爸、噗噗等音。

※　　　　　　※　　　　　　※

餵豆吃橘子，低估了他牙齦的發育情形，一下子半截橘子被他咬進去，噎住喉嚨，欲吐欲嘔，卻又吞不進、吐不出，眼看他喉嚨阻塞、呼吸困難，急得我也要跟著窒息，豆卻發揮求生的本能，嘔嘔嘔終於把橘子吐出來。老天！都還沒給豆買保險呢！吐出來以後放聲大哭，只有哭一聲！這是豆自出生以來我最欣賞的一個優點。任何疼痛，只哭一聲（情緒上的不算）。這小子真是耐疼啊！是不是那裡有毛病？我是真的擔心。不過最好是不要任性的哭鬧，我受不了小孩的吵鬧，那會教一個人的氣質修養完全掃地的，別不相信。

回台中健檢打預防針，豆的健康指數顯示出是一個健康寶寶。醫生阿姨幫豆檢查時，一不留神，懷孕的大腹被豆用力踹上一腳，這一踹，清脆響亮，宛若完美的武打片，還不用配樂！踹得我魂都飛掉了，要緊嘸？趕忙上前道歉，還好醫生說不礙事。更幸運的是，這裡就是婦幼醫院，有狀況的話當場就可處理。人生何處不意外啊！不是受害者，就是加害人。預防針好打，這意外可怎麼防！

愛 玩小雞雞

豆白天精神好的時候，蹦蹦跳跳，咿咿呀呀哀哀叫，叫得還真大聲，鑽來鑽去不曉得忙些什麼。好像裝錯了大號電池，動個不停，阿公說，是不是吃到「安仔」（安非他命）了。我則想這幾天有吃到什麼亢奮的食物，透過奶傳給豆？咖啡、可樂、茶……有咖啡因的東西向來少吃，餵母奶期間更是清口，煙酒檳榔就更別提了！還有什麼東西可以讓豆這麼亢奮呢？想來想去，找不到答案，唉！懶得理他了！

幫豆洗澡時，雖然有買水鴨子陪他玩，但豆顯然對自己的小雞雞較有興趣，偶爾就看他低頭捉著小雞拉扯著。我沒有很刻意要制止，玩小雞雞和玩耳朵、鼻子一樣，是孩子對自己身體的好奇探索，這裡沒什麼正不正常、邪不邪惡的，玩耳朵的不見得比玩雞雞的高尚。

＊　　　　　＊　　　　　＊

七個多月，翻身已漸漸俐落，也快會爬了，還不會坐。用左手的習慣倒是滿明顯的，現在在自己的小床上，滾來滾去，累了就會自己睡著，越來越可以獨立了，套用鄰居常說的一句話：我就快出頭天了。

＊　　　　　＊　　　　　＊

傍晚洗好澡，推著豆到操場看小朋友打球，我坐在旁邊看我的書。豆時而吸吮手指，時而咿呀唱歌，兩人都非常自得其樂。直到一顆籃球狠狠準準的砸在豆的頭

上，才結束這段美好的時光。砸到豆的那位國中生，知道自己闖禍了，嚇得臉色青筍筍，拖著發軟的雙腿過來道歉，因為那一球砸得是紮實有力，豆的小頭那堪這一擊？但是，豆照例哭號一聲，結束！豆的頭殼真是壞的，要命哪，砸不疼！

※　　　　　　※　　　　　　※

越來越多話了，今天豆衝著阿公喊阿媽，喊完以後自己也知道錯了，不好意思笑一笑。一個小小孩，也知道出糗的尷尬，有意思。

※　　　　　　※　　　　　　※

幫豆買了一個汽車安全座椅，回家途中就把豆綑在座椅裡載回來。椅座安全帶上繫著一個保證卡，就在豆嘴巴的勢力範圍，豆坐上椅子，一路上興高采烈的玩回來。直到要抱豆下車，才發現保證卡已被豆吞啃了一大半。豆啊！你是山羊投胎？那個紙頭你也能吃？天啊！就不能沾點醬油再下肚嗎？

※　　　　　　※　　　　　　※

豆最近吃奶時，常常會停下來注視奶頭，然後用手指來捏捏。這一捏，就把乳汁擠出來，噴得豆滿頭滿臉，豆卻樂此不疲！真的把我當成乳牛了。

※　　　　　　※　　　　　　※

餵豆吃飯時，豆常會伸手來捉我的湯匙，或是從口中把飯粒勾出來。當然，有時會幫忙把食物塞進去，用一根手指。無論如何，豆的手上總是沾滿了菜屑、飯粒，然後再往頭上抓一抓、耳朵摳一摳，弄得滿頭滿臉都是殘渣。可能是想等肚子餓時再挖出來吃吧！

※　　　　　　※

鄰居連太太家有一隻狗叫吉利，有時抱豆去她家，吉利都會對著我們猛叫，豆也不是省油的燈，會對著吉利吠回去。每次聽牠們互相對吠時，都會有一個錯覺，好登對的畜生！

討厭被包起來

　　豆喜歡人家捉著他的雙臂，讓兩腿騰在半空中用力的蹬，看豆蹬得高興，大人也覺得很興奮。但我的手勁不夠，讓豆蹬個兩回，就累個半死。所以會把豆抱貼胸前休息一下，這時的豆依然會躍騰雙腿，雙手作翅欲飛。我的體重從懷孕顛峰的七十公斤，到現在五十四，完全拜豆所賜。餵母奶就把體重耗去一大半，帶著豆，又是頗勞力的，也不用花錢瘦身了，親自帶一個兒，保證可把瘦身的數十萬賺回來。好辛苦，卻也好幸福，想想省了十來萬，要賺還得花力氣呢！

　　去年懷孕中期，得知自己是唐氏症高危險群時，曾難過得痛哭流涕。如今看著睡在娃娃車裡的豆，眉清目秀一臉安詳，心中著實幸福得意。

　　　　＊　　　　　　　　＊　　　　　　　　＊

　　豆的上門牙長出了一小塊，剛好與下門牙配上。有了這個新發現，豆興奮得常常磨牙。磨得咯咯響，而且更愛咬東西了。首當其衝的就是我的乳頭。常常被豆咬得留下深深的齒痕，痛得我只好捏著豆的鼻子，才能教豆鬆口。這是婆婆教我的，還好知道得早，不然乳頭都要被咬掉了。

　　　　＊　　　　　　　　＊　　　　　　　　＊

　　豆已經漸漸坐得穩了，而且自從他躺下撞了幾次頭以後，現在豆躺下前都會抬高頭側著身子，或是用肩膀手臂稍微擋一下再躺，真教人驚嘆孩子的學習能力。

　　　　＊　　　　　　　　＊　　　　　　　　＊

　　豆很不喜歡束縛。不喜歡包尿布，不喜歡穿衣服，不喜歡綁圍兜……，這孩子，真教人傷腦筋。而且也不喜歡吃稀飯，八個月大的孩子，牙沒幾顆，能有多少選擇？看到裝滿稀飯的湯匙，像看到什麼似的，頭一撇就撇得好遠。現在只喜歡吃

麵條、麵包、饅頭……，阿公說，豆是山東人，盡吃麵食類的食物！管他吃什麼，我還是很愛豆。

＊　　　　　＊　　　　　＊

自從豆會爬了以後，我簡直沒什麼好日子過，跟在一隻會動的野獸後面，累翻了。而且又長牙又會叫，嘰哩呱啦講個不停。早上有小朋友在窗外互相呼喊，豆在裡面聽到也跟著一起喊，似乎說：「我在這裡！你在那裡？」天呀！誰理你呀！

牛奶從鼻孔冒出來！

這幾天開始餵豆喝牛奶，因為豆的活動力大，但吃的又少，身體一抽高，體重卻沒有增加。為了與母奶區分，牛奶我請豆爹來餵。豆爹抱著豆吸奶瓶，吸著吸著，牛奶竟從豆的鼻孔冒出來！這是什麼怪模樣啊！小小的鼻孔，湧出白色的牛奶，但豆神色自若，一點反應都沒有，既沒嗆到也不痛苦。倒是把我們大人嚇壞了，這這？我趕緊把奶瓶抽走，奶瓶一抽走豆卻哇哇大叫，只好塞回去繼續讓他吸，豆啊，牛奶吸了是要吞進肚的，不是再由鼻孔冒出來的！屎不會拉，牛奶也不會喝，不用懷疑，豆絕對是一個瑕疵品！

＊　　　　　＊　　　　　＊

五月七日豆回台中打完麻疹預防針後，第二天就開始出現感冒的症狀。發燒、流鼻水，好了，接下來這幾天，我忙得差點瘋掉！這是豆出娘胎九個月以來第一次感冒。我戲稱是口蹄疫的淪陷。看醫生、拿藥、灌藥、哭鬧、發脾氣、流鼻涕、擦鼻涕、吸鼻涕、嚎哭……，丟玩具，撿玩具，兩個人都捉狂！不吃東西，幾乎完全只靠母奶。說到吃母奶，上次豆把我左奶咬一個洞，這次又把我右奶啃下一塊皮，害得乳頭破皮發炎，一直到痊癒，這期間豆吃母乳都沒間斷，吃著潰爛奶頭裡的乳汁，怪誰？還好沒鬧肚子疼。疼一疼拉稀也好，老是便秘不屎。

豆的頭髮長長了，一流汗就整個糊在頭上，像隻掉進油壺的小老鼠。今天商請張媽媽替豆剪頭髮。這個張媽真有本事，她一個人一次可帶三個娃，還可以得空出

來運動場的欒樹下與大夥聊天。我常笑，人家張媽一次帶三個，我們家的豆可是要三個服侍一個。張媽操著剪刀，豆相當不合作，扭過來扭過去，還一直撲捉張媽媽的梳子、剪刀。經過一陣隔空過招，最後在我輕唱泥娃娃的歌聲下，豆幾乎睡著，才順利完成剃頭。其實在泥娃娃之前，我已唱遍了所有我會唱的兒歌。這個豆，頭硬不打緊，外帶歹剃頭，唉！誰生的兒呀！

一 頭磨磨蹭蹭的小蠻牛

豆很會玩了，當他不高興咿咿嗚嗚時，只要學著他的聲調咿咿嗚嗚，豆馬上會破涕為笑，知道我在與他互動。即便還是很不高興、皺著眉頭，但豆可以懂我對他的幽默了。

＊ ＊ ＊

豆最近不曉得什麼原因，黏我黏得好緊，也不喜歡陌生人抱了。以前從不認生，管它是路人甲乙丙，人人好。現在黏我好像吸鐵一樣，分開一刻都不行。我好擔心。一直在培養豆獨立的自信心：跌倒了，我不驚慌；哭的時候，我不濫情放縱的去疼惜。為的就是要讓豆學習處理自己的行為情緒。可是現在卻有點失控了，尤其家人不配合時，帶起來更辛苦。當我篤定的晾在一旁看著跌哭的豆時，家人聽到哭聲，老早一箭步抱起來心疼得好不捨，這一疼，果然讓那個籃球都砸不痛的豆，覺得自己真的好可憐，放聲大哭！錯誤的情緒提示。

＊ ＊ ＊

但不可否認的，豆越來越可愛，常常嘟著嘴嗚嗚的叫，需要人家抱時也會咿嗚的乾號兩聲。此時只要學他瘪著嘴的模樣，試著轉移他負面的情緒，豆看了也會跟著笑，知道我是在跟他玩。豆被我帶得忘了自己原來是在惱怒什麼，忘了憤怒，心情乾淨了，再來就設法爬到我身上，在我身上磨磨蹭蹭，鑽來鑽去。但是，豆磨蹭

的力道像條小蠻牛，不被他蹭倒也會被他的頭頂倒、推倒。這是豆需要撫慰時的標準動作，一隻小豬仔子。

✳　　　　　✳　　　　　✳

我跟豆之間似乎有一些心靈默契。我們並不同床，我起床的動作緩和輕巧，一丁點都驚動不到他。但是，每當我先醒來將悄悄離開時，熟睡的豆會在瞬間醒過來，張大眼瞪著偷兒般不敢動彈的我。如果我閉起眼繼續假寐，豆也會繼續睡得很香甜，非常有安全感的樣子。母子連心，還連得真不自由咧。

拉 出一粒橘紅色氣球

要回台中前，豆拉了一包屎，尿布一打開，赫然發現，屎中有一粒橘紅色的氣球！這一瞧差點昏倒，真是又驚又喜！驚的是，豆吞氣球時我不知道，不然我會緊張得要幫豆開腸破肚找出氣球；喜的是，豆把氣球屎出來了，天啊！還好是屎出來了。豆是我一天二十四小時都帶在身邊的，竟然帶到吞進一個氣球我都渾然不知？真的要好好反省了！豆，你吞些別的吧！比較好消化的那種。

✳　　　　　✳　　　　　✳

把豆帶回台中，帶他去東勢櫻仔家採梨子，帶他去游泳池玩水；往南走，帶他去白河看蓮花，關子嶺洗溫泉，再回到台中大雅與小朋友玩。

在台中吃越南河粉，店內客人不多，桌面空曠，把豆放在飯桌上讓他玩。豆東爬西晃，迴勢轉身，一手活生生壓入湯碗！看了我都傻眼了！趕快幫豆把手抽出來，還好湯麵稍涼，豆毫髮無傷。嚇死我了！意外何其多啊！豆，你要沒夭折，真是你的好狗命！可惜了我那一碗麵。

帶豆去玩水，第一次下水五分鐘，大概不諳水性，嚎啕大哭，趕緊撤兵上岸。第二次下水就好多了。孩子就是孩子，愛玩水。

　　豆很乖，也很快樂，只不過大概喝了池子的水，拉了一星期肚子。要嘛三、四天大一次便，要嘛一天大三、四次便，總是在極端，沒有正常一天拉一次的時候，真是折騰我，怎會生出如此的一個怪胎！

　　拉肚子只能吃清粥、白吐司，吃了一星期的清粥，回台北看到滿桌豐盛的菜餚，豆忍不住，用手東指西指，視線盯著食物就是離不開飯桌，看了是又憐又好笑！

在 睡夢中也是心連心

　　今天是豆的農曆生日，週歲。只不過近日我的情緒起伏頗大，生活作息有點失常，豆也被我影響了，三餐進食有點亂。

　　在夫家，我不用做家事，全心全意把豆帶好就好。但是婆婆對我帶豆的方式卻有很多建議。豆跌倒了，被蚊子咬了，公婆都會心疼的叮嚀我，要我盡量再仔細把豆照顧好一點。抱豆的姿勢婆婆也老是看不過去，都會過來示範如何抱可以抱得更順手！對這等事，粗線條的我不管怎麼做，感覺都沒有盡力做到最好，母以子為貴的蜜月期顯然過完了。

　　昨晚豆吃東西，不吃了故意把食物吐出來，我用手指彈了他下巴，教豆不可以如此，豆難過的哭了。阿媽看不過去，數落我說，這樣彈豆會痛（我當然知道會痛）！接著又對豆說：「媽媽不好！」

　　嗯，我的修養，我的智慧到這裡總算遇到了瓶頸。我沒辦法再超然悠哉的面帶微笑，使自己放鬆心情過得好，隨時都有狀況考驗著我。舊情緒尚未清理沈澱，新的衝突繼之而來。想要若無其事的談笑風生，都覺得好勉強。

　　為了避開每次在客廳時，都得面對習慣大剌剌只穿內褲

活動的三十來歲小叔的尷尬場景，因此選擇抱著豆躲回房間。我退縮了，但豆呢？豆無端的捲入戰局，跟著我去接受他不見得會同意的選擇。我百般不願意天使般的豆，這麼早就要領教大人的污煙瘴氣，我更痛恨自己要以躲避、隔離來處理這些現實的日常！全家人都可以直接表達他們的情緒，唯獨我要克制、修持、掩飾，我真的很不健康、很不快樂。

以我從前的個性，大可一走了之，海闊天空、浪跡天涯。現在有了豆，我不能再如此毫無牽掛的走。如要走，我會帶著豆走，但對豆來說又何等無辜？

此刻豆睡在我身旁，因我心中情緒起伏，豆也睡得很不安穩，有點焦躁。我已觀察了好幾次，若我心中祥和一夜好眠，豆也會跟著我一覺到天亮。若我帶著怒氣透夜失眠，豆也是一夜翻轉睡不安穩。哈，母子連心，換我來攪和你！想給豆最好最幸福的承諾，在此又是一股壓力壓迫著我。每想到此，又趕緊收拾自己的情緒，努力安撫自己，不教純潔的豆讓自己給污染了，阿彌陀佛。

＊　　　　　＊　　　　　＊

豆會在自己的娃娃床下爬來爬去，床下的高度剛好夠他撐著四肢爬，如果抬頭或坐起來就會撞到頭。所以要爬進去前，豆會小心翼翼的鑽進去，可是當要出來時，就忘記了。常常到了出口，頭一揚，咚一聲，把整塊床墊都撞浮了。此時豆會再低著頭慢慢爬出來，爬到我腳邊，嗚嗚幾聲，要我摸摸他的頭或拍一拍他。允諾安撫後，豆就可以再爬進去玩了。每一位做母親的，對孩子都會有這種神奇的力量，摸摸他或拍拍他，馬上，孩子就像吃了大力丸，扛著武器又出征了。

豆最近成長的相當快速，除了嘀嘀咕咕一直說不停外，牙齒將增進到十顆了。上下樓梯更是快速流暢，當然是用爬的。爬對嬰兒是最好的統合運動，書上都有說，別急著要孩子開步上路，沒事多爬爬吧。

以前推著豆出去散步時，我把沿路看到的東西全唸出來。柏油路、燈籠花、電線桿、水溝蓋、石頭、柿子樹、汽車……，鄰居遠遠只看到我沒看到豆，看我一個

人邊走邊唸唸有辭，心裡都有點同情我，同情我是否帶小孩帶到精神有點……，後來才清楚我是在跟兒子講話。搞清楚後就更同情了，豆才幾個月大，那聽得懂我在對他喃喃什麼。所以鄰居看到我推著孩子一路碎碎唸，他們都會客氣的在臉上擠出一堆憐憫我卻又裝作沒關係的笑，那神情意味，我當真是有問題了。哈，難為他們了。

　　　　＊　　　　　　　　＊　　　　　　　　＊

　　豆越來越有份量，當他趴在我身上吃奶時，感覺像有一隻小肥豬在我胸前滾來滾去。更好笑的是，當豆吸右奶時，空出來的手沒事做一定玩左奶；吸左奶時，則是摸右奶。摸的時候像琵琶行裡的指法，輕攏慢撚抹復挑，有時用單指撥一撥彈一彈，有時夾在手縫晃一晃，或是捏起來扭一扭，再不然五隻指頭張開來抹一抹、拂一拂，唉！我的寶貝。

　　　　＊　　　　　　　　＊　　　　　　　　＊

　　豆喜歡吃雞塊、海鮮塊。帶豆到7-eleven 買海鮮塊，拿來尚未結帳，先遞給豆。豆以為是玩具，搖一搖，喀喀喀，會響。卯起來開始搖，果然咚咚咚，搖得很高興！但是，誰知那海鮮塊沒蓋牢，甩了兩聲後飛滾一地！這下可好了，六個海鮮塊，散落一地。豆爹氣極了：「豆——！」我則哈哈大笑，覺得很有趣！趕忙把海鮮塊撿起來裝好。心裡還在猶豫，未結帳，換一盒乾淨的如何？結果，還是沒那麼惡劣，我把皮咬掉，裡面乾淨的仍拿來餵豆，母子倆吃的津津有味，沒事！

　　　　＊　　　　　　　　＊　　　　　　　　＊

　　豆會走了，卻不喜歡穿鞋子，每次幫他穿鞋子都得奮戰一番。本來他會岔開的腳指頭就不好穿，再加上穿鞋時身體像扭麻花一樣扭來扭去，腳趾頭更是彎彎曲曲躲躲藏藏，好不容易套上了，還沒上扣，手一抓，咚一聲，把鞋子摜到地上，倒好，剛才的努力完全白費。撥撥自己一頭狼狽的亂髮，不穿拉倒，可不想把自己搞成瘋婆子了。

土城歲月

超幸福媽媽守則六
放孩子去外面去玩，用手摸摸地、抓樹葉、拿樹枝戳螞蟻
……，讓他去探險，玩一身髒回家再洗。

超幸福媽媽守則七
尊重孩子世界裡許多看不到的疆界，不小心踩著孩子腦中的
地雷區時，不要以大人的經驗法則批判孩子。

超幸福媽媽守則八
拿東西給小朋友時，應先與大人打過招呼，避免挑逗了大人
與小孩間的行為規範或協定，造成親子間的衝突。

與 小狗同一掛

豆常會睡一睡突然起來說夢話，聲音很清楚，表情很專注。只是不曉得他倒底是睡夢中還是清醒。果然三秒鐘不到，又含著奶頭昏昏睡去，留下準備好好回應他的我。

　　　　＊　　　　　　＊　　　　　　＊

最近幾天常到鄰居家走動，豆和那裡的小朋友混熟了，終於知道怎麼用手拿食物來吃。只不過餅乾一截在手裡，一截露出來，露出來的吃光了，吃不到握在手中的那一截，吃不到，硬是往自己的手咬去，咬得吱吱叫。最後豆發現，別人的餅乾還有露出來的部分，走過去咬。心滿意足的晃一晃、玩一玩，再回去咬小朋友手中露出來的餅乾。

　　　　＊　　　　　　＊　　　　　　＊

天氣好的時候，我會把豆放到外面去玩。隨他怎麼走、怎麼逛！用手摸摸地、抓樹葉、拿樹枝戳螞蟻……，隨他愛到哪探險都任他去，玩了一身髒兮兮也無所謂，回家再洗。尤其今天在馬路上跟一隻小狗玩，真的是小狗，才出生不久吧？兩隻畜生都玩得吱吱叫，擺明就是同一掛的，髒了又何妨？

　　　　＊　　　　　　＊　　　　　　＊

豆在家沒有競爭的對手，所以去別人家玩也不會與人搶玩具。若真的很想要，豆會跑到我身邊來要求我幫忙，通常我會要豆自己去與人溝通解決。別的小朋友到家裡來，搶了豆手中的玩具，豆也完全不在意，找別的東西繼續玩，這情形不曉得是好是壞。

哺乳甘苦談

我在這個家庭，時常感到有點悶。自從生了豆以後，除了全天待命以外，還是全天待命。幾乎沒有屬於自己完整的時間。我不抱怨，我甘之如飴。但當有一些必要的喜宴和應酬時，夫家沒有人可以伸出援手幫我帶豆。婆婆說怕帶不動，豆爹則一天到晚綁在公司。尤其豆是吃母奶，黏我黏得緊，想替我日行一善的人，還得要有兩粒奶才耍得開。所以我連吃飯、洗澡、上廁所都像在野戰。這當然不是犧牲，這是責任、是義務，我也很清楚。

只是不得不拎著豆參加喜宴時，常會看到我找個角落哺乳，來不及或找不到隱密的地方，我就當場坦胸哺乳。哺乳是天職，我心中是很篤定的，但還是遭遇過羞辱。在一個五星級飯店，我離開宴席到外面走廊角落哺乳，被經理人員視作不雅、有礙觀瞻，把我羞辱了一頓，畢生難忘！

有時，我就是悶！可是豆像一個善解人意的小天使，當我心情不好或掉眼淚時，他就會無邪的靠上來，甜甜的叫媽媽，每次聽到他溫柔的呼喚，心情就好多了。

認聲音

豆認得某人的特屬聲音，比如聽到咳聲，豆會說阿公；固定時間聽到沖馬桶的聲音，豆會說爸爸；聽到外頭小朋友的嬉笑聲，豆會說阿姐；聽到汪汪聲，當然知道是小狗。

前一陣子在台中待了幾天，豆一夕之間學了好多語彙，回來之後變得很會講話，尤其對於人的稱謂辨別得相當清楚。阿姨、阿公、阿媽、阿婆、阿伯、阿叔

……，脫口而出，百分之百命中！嗯，聰明的小子。

前天假日，豆爹載阿媽去買菜，我和豆以及阿公在家。豆很無聊，走一走，叫一叫，叫阿公，那個阿公只是無意義的發聲練習。實在很無聊，卯起來叫：「阿公——阿公——阿公——」，越叫越用力，越叫越激動，索性半蹲著身，彎腰叫。還是很無聊，站起來晃一晃：「阿公啊——阿公啊——」，拉長了音，好像在唱歌，更像：朔風野大，阿公歸來兮！具四時珍饈，尚——饗！阿公放下眼前的報紙：「麥按呢啦（別這樣啦），還未死咧！」

＊　　　　＊　　　　＊

本想帶著娘和豆去新加坡玩，但豆沒護照，得先去照相館照相。帶到相館，豆以為我要帶他看醫生，見了攝影師也知道喊人家阿伯，可是就是止不住的尖叫、嚎啕，怎麼哄都哄不住！只好回家自己拍。可是卻也讓我打消帶豆出國的念頭，太沒把握了！坐計程車也是如此，一上車知道要喊司機阿伯，可是非熟人開的車，豆也哇哇大哭，真是！

遊戲規則

前兩天鄰居廷瑋（與豆同年月）拿一個球在運動場玩，我鼓勵豆上前跟廷瑋玩。豆都沒去接球，即使把球丟給豆，他也知道球不是自己的而不接。平日教豆的，不是自己的東西不可以拿。但，是自己的東西或自己的身體，就要保護好。而這種遊戲玩耍，跟

待人接物不一樣，我以為孩子天生就會玩，怎麼豆無法分辨其中差別，跟著一起去玩？

上次玩飛盤時，豆也把遊戲搞混了。飛盤雖然是鄧偉的（另一位與豆同年月的鄰居），但這個飛盤我借來家裡放好久了，豆以為是自己的，結果拿出去玩時，被人高馬大的鄧偉一眼認出原是屬於他的飛盤，三兩步就搶走了，豆在後面追得吱吱大哭，氣急敗壞一直跑到我身邊要我幫忙。我不願意，要豆自己想辦法。豆又出去追了兩三次，追不到，哭得很淒厲。最後放棄了，掉頭自己就要走回家。鄧阿媽看了，把鄧偉飛盤搶來給豆，豆竟然不要了！執意就要回家，也不哭了！看了心裡一驚，是好疼，但確定是我的翻版。而這件事也讓我有所覺悟，大人教的道理，某方面看起來是正確的，但不見得適應在每一件事，小孩子如果無法分辨的話，就會產生混淆困擾，哦！好複雜。

豆 是錄音帶播放機

豆的智力成長得好快，每天都有驚奇的發現，快來不及幫他記錄了。漸漸我發現，豆會自我安慰原來都是學大人的。當豆哭時，大人一定會安慰說：「不哭！」要餵豆吃藥時，會哄他：「乖！」於是，豆在跌倒時會一邊痛一邊告訴自己不哭，吃藥時會邊掙扎邊喊「乖！乖！」豆在這個時候就把學習過的東西用出來。嗯，這

倒好了，如果真的學得這麼精確，可以好好利用來轉移情緒教他自我催眠了，哈！換我在說夢話了！

　　　　　※　　　　　　　　　※　　　　　　　　　※

　　這兩天和豆一起洗澡，因為每次我想洗澡，都得等人有空看豆時，才可匆匆洗個戰鬥澡，戰鬥一年多，已洗得有點不乾不淨了，所以乾脆把豆拎進來一起洗。坦誠相見的結果是，兩粒奶活生生亮在豆面前，豆洗一洗，頭就會湊過來想吃奶。洗澡還吃奶？那有這麼便宜的事！趕忙花一番力氣把豆推開，作正經。

　　　　　※　　　　　　　　　※　　　　　　　　　※

　　豆作夢，一直咯咯笑，終於笑醒了，瞪大眼睛看著我：「媽咪弄，再一次！」我……那是你的夢呢，弄？怎個弄法啊？

　　　　　※　　　　　　　　　※　　　　　　　　　※

　　過年，帶豆去小墾丁玩。拍了一些Ｖ8，回來放給豆看。豆看到畫面中曾玩過的電玩、球池、溜滑梯，住過的小木屋，強風呼嘯的大海，激動的要我再帶他去，唉！路途遙遠哪！而且大年初一出發，去的時候還好，沒啥塞車；初三回來時，中午十二點從小墾丁出發，半夜十二點才到台中，整整十二個小時，除了我下來上廁所，豆才跟著出來放風，否則豆就一路跟著我窩在車內，吃薯條配母奶，真虧豆還撐得住！要去，長大自己再想辦法去吧！自己的夢想自己去完成，別指望娘會呼應你，娘自己都還有夢要作呢！

　　　　　※　　　　　　　　　※　　　　　　　　　※

　　什麼人對豆說過什麼話，下次碰面時，豆就會把它搬出來「敘舊」。比如看到陳佑瑩（豆的表姊）豆就說：「人是不是你台（殺）的？」看到阿公，豆偶爾就會罵髒話：「哭別！」所以對豆說話要小心，沒說好，下次豆就回得你莫名其妙，不知幾時對他說過「三小」！

講 不通的豆

豆有一輛三輪車，騎出去時，我都會備一點餅乾在車前的籃內。有一包米果雪餅已載了兩天，阿媽整理時拿起來吃。豆看自己的雪餅被阿媽吃了，哀哀叫：「那是我的餅！那是我的餅……」

聽到豆的哭訴，阿媽趕快拿起袋中殘剩的半塊還豆，豆跺腳搖頭：「破的，不要！」

阿媽的臉一陣紅一陣白，那是最後的半塊了：「春按呢（只剩這些），沒了！」阿媽無奈的解釋，有點無力招架。

「我要妳嘴裡的那一塊啦！」理不清的豆。阿媽滿嘴咬了兩下的餅乾，吞也不是，吐也不成，一時停止咀嚼，愣在那不知如何是好。

「擱來買，好嘸？」阿媽手足無措！

「我要妳嘴裡那塊，吐出來還我！」講不通的豆。我離遠一點，阿媽，餅乾是
　妳吃的，妳……自己去處理哦！

　　　　　　＊　　　　　　＊　　　　　　＊

一歲八個月，豆已會從一數到十，優秀。ＡＢＣ……可以完全唱完，
桃花鄉、四季紅、蕃鴨、露螺……，凡教過的歌幾乎全部會唱，一字不
漏，天才。

凌晨三點多，豆被蚊子吵醒，睡不著，哄他好一陣，仍無睡意。
我累了，躺平就睡，不理他。漆黑的房中，豆將他的小臉湊到我鼻
前，用那兩顆黑亮的眼睛看我：「你甘麥唱歌（你要唱歌嗎）？」噗
的一聲我笑了出來，不會吧？三更半夜。豆唱癮來了，桃花鄉

一路唱，唱不停！吵死了！偶爾還會用台灣國語問我：「媽媽，你在幹什摸？」表情嚴肅認真，睡覺啦，還能幹什麼！

我 不要……

豆這小子得了口蹄疫，腳底長了好幾個泡泡，舌尖也破了一個洞，食慾不振，馬上瘦了一圈，四天大不出便來。

❊　　　　　❊　　　　　❊

一歲九個月，智力的成長很驚人，歌謠唱個一兩遍，下次就能朗朗上口，相當不容易，包括歌仔戲：「自古雄才生亂世，歷盡人間喜與悲，千磨萬激鑄奇志，滿腹熱血染鐵衣……」，真想把他錄起來，真是太神奇了！

以前擔心豆打不還口，罵不還手，東西被搶了也任人宰割。自從口足病，病了一場以後，脾氣特壞，動不動就賴在地上踩腳，用高音尖叫，哄都哄不聽。現在跟別的小朋友玩時，不高興，豆也會使出這招，果真，別的小朋友被嚇住了。看了真是好氣又好笑！事後豆還會以很理性的口吻對我說：「媽咪，豆豆有夕夕嗎？豆豆有在哭嗎？豆夕夕，媽咪會關門出去吃飯！」意思是說，我受不了豆的哭鬧，走出房間把門帶上，讓

豆一個人在房裡哭個夠。豆當然是又氣又害怕，可是我的耐力也差不多飽和了，再耗下去恐怕會出手毒打他一頓，所以還是撤離現場，降溫一下也好。

＊　　　　　　＊　　　　　　＊

試著幫豆把尿，把十次，十次不尿。唯有把豆的衣服脫光光丟到澡缸洗澡時，才會隨著水龍頭的流水聲一起尿。躺在床上，滾一滾遙控器不小心磨擦到小鳥，致使勃起，豆也說那是要尿了，哈！哈！哈！

＊　　　　　　＊　　　　　　＊

一起洗澡，有時豆情緒不好，在澡缸裡吵著要吃奶。邊洗澡邊吃奶？像話嗎？推開豆一直捱過來的頭，我說奶在水裡不能吃。豆用手彈彈我的奶說：「ㄋㄟ在洗澡，ㄋㄟ在玩水！」看看自己狼狽的模樣，餵母奶餵到亂了！

＊　　　　　　＊　　　　　　＊

阿祖過世了，婆婆回台中去忙，近兩個月不在家，母子倆天天吃便當配珍珠奶綠，吃得有點反胃了。不吃便當，只能下餃子，花樣多的我也煮不來。快兩歲的小惡魔，一不順心就賴在地上挺屍！任人威脅、哄騙、推拖都不起來，我已經忍了上千百次沒出手揍他，而且完全沒把握還可以忍多久。幸好阿媽回來了，總算多一個人來分散豆的注意力，降低母子倆的對立氣氛，阿彌陀佛。

＊　　　　　　＊　　　　　　＊

已經知道「我」的存在了。現在問他做什麼？都知道回答：我不要剃頭！我不要穿鞋子，我不要去睏！我不要……，一大堆的拒絕！而且時常趕我離開，他要獨自玩電風扇、玩錄音機、玩水、玩……。我也很尊重，巴不得豆趕快自己一個獨立去做他愛做的事，冒他的險。東西玩壞了或身體受傷了，那就再說吧！

＊　　　　　　＊　　　　　　＊

夏天，母子倆有一半時間待在房裡睡覺，清醒的時候，三分之一的時間在吃東

西，三分之一的時間泡在水裡，剩下的三分之一看電視，或到外面走一走。尤其下過雨後，豆最愛到門口玩積水，地面的或是屋頂流下來的，只要是水，豆都玩得很快樂。然後鞋子濕了，脫鞋子；衣服濕了，脫衣服，最後全身光溜溜的玩個痛快！

　　當然，這些一定是阿媽不在家時才有可能發生。阿媽若知道，是要罵死人的！豆要玩水，也任由他，我只有坐在大門橫桿上，完全沒輒。鄰居雨天看到一個光溜的孩子在外面淋雨，多半會大呼小叫，想是孩子背著娘出來玩的，準備呼他娘出來罵小孩時，竟瞧見孩子的娘就篤定的坐在門桿上，還遞上尷尬的笑臉，與他們點點頭，大夥無奈，嘆口氣回家去了。

※　　　　　　　※　　　　　　　※

　　這個階段的豆喜歡掌聲、喜歡被肯定、被鼓勵。玩個球要人拍拍手，吃口飯也要人拍拍手。但在浴缸喝水，我就要罵人了。偏偏豆喜歡學我漱口，只不過我會把生水吐出來，豆卻有三分之二是吞進肚子裡。稍微板著臉，豆就死賴在浴缸躺得直挺挺教人束手無策。前天大便在褲子裡，捉到浴室放水洗澡，又屎在浴缸裡，看那些屎在水中浮沈，找不到字眼開罵了。

※　　　　　　　※　　　　　　　※

　　豆拿著一截玉米，走在運動場上，冷不防被追上來的吉利左撲右撲後叼走了。豆受此驚嚇，楞了一分鐘完全無反應，直到我把豆摟進懷裡安慰時，豆才嘀嘀答答開始癟嘴抽泣，最後終於忍不住嚎啕大哭：「番麥（玉米）去乎吉利咬去了，嗚……嗚……嗚……」奇怪，這一分鐘的空檔，豆的情緒在那裡？為什麼他沒有立即憤怒或痛哭？他為什麼可以延緩自己的情緒反射？是嚇呆了嗎？還是真有一份自制的能力在運作自己？我對他的安慰，促使他放鬆哭出自己，如果我就不同情他，他也會哭嗎？嗯，有意思，下次豆若跌花了臉時，我要不理他，看他還哭不哭？測試一下人的同情，對當事人來說到底是正面或是負面的東西。

床 上的停車場

晚上，豆在床上玩他的玩具車。該睡了，我將亂七八糟的棉被鋪好。豆突然像著了蠱，臉色一刷倏地叫了起來：

「啊——嘿！是我的停車場！」漲紅著小臉，眼睛露出憤怒的光芒。

停車場？只有一堆亂棉被，那來的停車場？仔細再掀開一瞧，被窩裡窩著三、四輛小車，趕快再把棉被蓋回去：

「對不起，我把你的停車場蓋好！」嚇得我汗流浹背。

「不是這樣的啦！妳把我的地上室弄壞了！」地「上」室？來不及了，豆已經失控，開始在床上滾賴。

「對不起，我只看到棉被，我不知道裡面是你的停車場，我再幫你。」

「妳把我的停車場弄壞了……不會好了……嗚……嗚……」講不聽，豆就是要哭！

「豆，床是要用來睡的，不是用來玩的，也不是用來作停車場，媽咪……」

豆那聽得進去，像個小乩童開始發作！無理性的哭囂，教我也差不多腦羞成怒，將將想揍人。氣不過，我一拳往牆上搥去！

阿媽在樓下聽到我們的爭執，上樓來了解戰況。豆一把哭往阿媽的懷裡，阿媽就把豆帶下樓。最好，省得我再一拳K得你搞不清楚今年是民國還是唐宋！明明只是一團亂棉被嘛，作什麼停車場！孩子的世界總是有許多看不到的疆界，動不動無辜的大人就闖進去，莫名其妙踩著了孩子腦中的地雷區，就得隨時都準備被炸得鼻血雙管流！

兩歲生日

今天是豆國曆生日，兩歲了。

已三天沒大便，傍晚豆嚷著說：「你是不是講要放屎？」主詞還不太會用，意思是他想大便。得令，趕緊將豆抱到大馬桶上。本來要扶著他坐，豆卻抵死不從，硬是要用站的。我忍著氣，先屎再說，摻扶著豆立在馬桶上。結果豆不屎，倒是尿了出來。一道水柱迎面而來，幸好我閃得快。趕緊讓豆轉個身，面向水箱，要豆扶水箱站好。

實在是很畸形的屎姿，越看越火。我不想再如此縱容豆了，心急豆三天無屎，但要屎卻屎個死樣子。孩子的習慣都是大人培養出來的，而且豆混玩了一陣仍無屎意。把豆捉下來，豆不下來還想站上馬桶玩，一著地馬上雙腳一軟，賴在地板上。是很火，但深呼吸壓住情緒，平穩的對豆說：「你再不站起來，我要打你屁股了！」這樣無火藥味的語氣，怎鎮得了人？豆依然賴在地上。我出手了，往豆左屁股一掌！豆驚嚇站了起來，生氣大哭，引來阿媽。

婆婆來，問我豆是否要大便？一時不知該回答是或不是，正遲疑，豆見來了救兵，馬上一賴又往地上癱去！咦？造成我的反射動作，朝豆右屁股又是一掌！這一掌也牽動婆婆的反射動作，她也往我肩上一掌！哈！同時嚇呆了三個人。唉！很難過哩。

我哭了，豆上來拍拍我，輕輕的喚我：「媽媽，不要哭，臉擦一擦，鼻子擦一擦，媽媽。」回頭繼續玩他的玩具。我也不得不收拾自己的情緒，今天八月四日，豆的舅媽一家人買蛋糕來幫豆慶生，今天發生好多事。

*　　　　　*　　　　　*

回台中一趟，豆玩得很快樂！或許台中是我習慣的地方，輕鬆的心情也讓豆感

受到了，跟著我一起敞開心來歡樂。從這裡看得出來，其實母親的情緒影響孩子滿大的，不管是有形或無形，一顰一笑都牽動著孩子。比如豆看我表情不對時，也會對著我說：「媽咪，不要生氣！」或是「媽咪不要哭了啦！」一個才兩歲大的小孩，豆真的是很敏銳、很細膩的。

偷菜

豆在客廳，聚精會神玩著玩具車。阿媽在廚房，熱油鍋炒菜，冷青菜一下鍋，唰的一聲！把豆驚起，豆從客廳直衝廚房：

「阿媽！妳按呢太大聲了！」

阿媽被豆吼得一楞，三秒後才回神：「煮菜給你吃，還嫌我吵！不炒你吃啥？」鍋鏟揮揚在空中。

豆不知懂不懂，仍是頑固的認為炒菜太吵了，嘴裡嘟嚷嘟嚷，叮嚀阿媽別再這麼大聲，回客廳繼續玩車子。天大地大，在林家，豆豆最大，我看到的！

豆吃飯前上餐桌都會用手偷菜吃，這次我特別叮嚀，別再偷菜了，豆很臣服的點點頭，回我：「好！」答得一點都不討價還價，好乖的一個兒。等

我從後面廚房盛了飯出來，發現豆的鼻上粘著一根韭黃：

「發生什麼事？為什麼你的鼻子黏一根菜？」我想搞清楚狀況。

「我沒用手去黏菜！」此地無銀三百兩，豆豆沒有「用手」偷捏菜……。可是，臉上明明又有偷吃的痕跡……？

「那……你是不是趴下去用嘴巴咬？」我胡亂猜，實在搞不清楚那根韭黃是怎麼來的？

豆竟然很誠實的點頭回答：「嘿！」天！我驚訝的挑高了眉，不用手偷，直接把臉埋進菜盤咬菜！那天燙死你哦，免崽子！

血便

豆的便一直是個難關，不是屎不停，就是屎不出來。偶爾便裡有血絲，我就像鴕鳥一樣不想去正視。看看孩子，一切都正常，我也就自欺欺人混過去。但這次血量，不比女人的月經少，即使孩子還是很正常，我再也承受不了了。沒有一位母親看到孩子這種血便不崩潰的，連續血便三、五次，完全沒有遏止的跡象。豆這種反常誇張的血便，逼使我不得不去推測最恐怖的結果……，恐怖的氣氛開始在心中縈繞。一些惡名的不治之症，開始在腦中浮現。一想到豆可能會就此結束生命……我都會無力的癱瘓在地上嚎啕大哭。但想到豆還須要有娘照顧，只好努力的把自己撐著。便中那個鮮艷刺眼的血量，就像慷慨的老闆額外澆加在冰淇淋上的雙份草莓醬，好端端的人絕不是大這種血便的。置身這可怕的氛圍中，不用任何想像，都迫使我隨時準備與我的豆道別。一個經由我身體降臨的生命，才剛要啟始，就遭受這麼大的考驗。深更半夜，想到豆可能的結局，實在無法承受，咬著棉被，不敢哭出聲，怕吵醒了豆。

上醫院，我把豆的血便平靜的描述一遍，裡面沒有誇張也沒有失控的激情。豆除了血便，飲食活動一切正常，問他，肚子也不痛。醫生作了基本檢查把它當作一般肛裂，開藥打發我。血便依舊，依然是鮮紅的雙份草莓醬。是我眼花？還是沒消化的紅色食物？當真我昏庸到分辨不出那是鮮血或是日常食物的本色？第二次，我不開口，把前後用相機拍的，共有五、六張血便相片遞出去，醫生一看到相片，知道不只是普遍肛裂，不敢再多置一語，馬上安排做檢查，場面真的嚴肅了。

　　會拍血便照的原因是，我隨時都用相機在幫豆作生活記錄，而豆的血便，一看就知情況嚴重，在面對醫生時，有很多母親會誇大孩子的病情，讓醫生不好下診。但我很清楚我的述說會很平穩冷靜，加上豆也不像個大血便的病人，活潑好動，成熟多話，一點都不像病奄奄須要救助的模樣；母子倆的神情泰然自若不像患者，難怪醫生草草打發，不太理我們。所以拍照存證，讓證據說話，大家都不用爭執。

＊　　　　　＊　　　　　＊

　　明天豆要照X光，今天必須先把肚子排空，整天只給一些流質飲料。到了晚上，豆餓得受不了，開始碎碎唸：「我要吃番麥，大支的那種，不辣的牛肉乾，我要吃珍珠奶茶，優酪乳，不然熱狗也好，怎沒人要拿東西給我吃？」豆餓得胡言亂語，孩子……。我拿著醫院給的注意事項，謹慎遵行，任豆捱著，不敢不忍。

　　隔天早上，豆拉了一些水便，塞了清腸劑也沒再拉出什麼東西了。雖然還是吵著要吃，大概是沒啥力氣了，人已餓軟，也滿好安撫的。抱在懷裡，只是一隻慵懶無力的無尾熊。

　　檢查的過程還算順利，豆餓得恍惚，護士阿姨拿個糖果哄豆，只要豆乖乖作完檢查，馬上就可以吃到糖果了。盯著食物，豆很配合的上下翻騰左右轉身照片子。照好片子我馬上帶豆去便利商店買豆漿、雞塊。豆伸手拿雞塊，但餓得手直發抖，拿都拿不穩。我把雞塊接過來餵豆吃，豆大口大口塞進一整塊，豆漿也是咕嚕咕嚕

灌下去，500cc，勸都勸不聽。豆已餓狂了，看著豆的狼吞虎嚥，我努力擦拭眼角忍不住的淚水。

　　果不然，塞進滿嘴後，吐了一小口，勉強撐了一下，嘔出了一大堆，吐了我整身、整車，吐完後，最後一絲力氣也用盡，累得在我身上睡著了。輕輕摟著豆，沒敢動，任豆睡著。孩子，加油！

　　　　　　＊　　　　　　　　＊　　　　　　　　＊

　　片子看不出什麼結果，轉往台大作核磁共振檢查。拿了單子去登記檢查時間，辦事小姐一看患者不到三歲，立刻在簿子上挪畫了一些患者，把豆插排進去，下星期三。

　　當天，抱著豆等在病房走廊，其他等待檢查的患者都是上了年紀的長者，其中一位看到我們母子倆，過來親切的問：「是誰要作檢查？」我指指懷裡的豆，長者繼問：「是好的壞的？」

　　聽了心中又是一沈，難道來這裡作檢查的，已經是醫程的最後關卡了？不由得把豆摟得更緊，這是娘抱你的最後機會了嗎？這個還在跳動的生命，就要與我道別？檢查前必須先喝安眠藥，怕孩子在檢查過程動來動去測不準。豆喝不下，只在唇邊沾了一點點。該豆時，豆尚在嚎哭，醫生只好先傳喚下一位。這一等得等半小時，那知下一位才進去，豆就睏著了。睡了半小時該豆時，才抱起身，豆又醒來！不得已，抱著豆一起進入貼著三角幅射警告標誌的檢驗室，換上如兵馬俑身上的厚重盔甲，陪在豆身邊一路安撫豆。躺在高不到四十公分的儀器空間當中，盡量壓制著豆不亂動，豆稍微一舉手一抬腳，就會碰到儀器。感謝醫生也有同年紀的孩子，

很有耐心的拿出糖果一起來哄豆。結果豆吃了醫生三包小糖球，吞了兩片口香糖後完成檢查。

＊　　　　　＊　　　　　＊

核磁共振振不出什麼結果，血便依然嚴重。轉往林口長庚兒童醫院，住院作大腸內視鏡檢查。打置留針時，豆免不了哇哇大叫，勞煩四、五位大人動手才壓住場面。打完置留針沒事了，豆到處晃。護士阿姨說要幫豆戴手錶（識別腕帶，以防孩子走丟），豆很高興，戴好了，豆看著腕上的錶面，疑惑的問阿姨：

「為什麼沒有Clock？」

「Clock？」護士阿姨有點慌：「我幫你畫好不好？」

「好啊！」豆又很高興。

「你要畫幾點？」阿姨自投羅網。

「三點！」豆很認真的回答。

阿姨很快的畫好：「這樣好不好？」

豆看看手上的錶：「怎麼不會動？」

阿姨開始冒冷汗，隨又漲紅了臉吱吱唔唔出不了聲。豆等不了阿姨，自己回答：「嗯！壞了！」又很高興的去玩了。

＊　　　　　＊　　　　　＊

我們住醫院的單人套房，豆晚上跟他舅舅通電話，很興奮的對話筒中的舅舅說，是住在林口長庚大飯店。扣除健保，一天貼個二千多塊，當它是五星級飯店又何妨，在這個時候……。

＊　　　　　＊　　　　　＊

半夜以後就得禁食，包括開水。豆凌晨三點起來要水喝，拗不過他，請護士小姐過來幫忙。護士一來先把豆的水壺藏起來。豆說：「阿姨，妳按呢做是不對的，

妳要把水壺拿回來還我，妳不行把它藏起來！」

　　阿姨用很憋腳的台語回說：「我給你的手喝水，不要用嘴喝好嘸？」

　　豆一聽到有水喝，馬上欣喜的說好。等護士把點滴注進豆手上的置留針，豆才後悔的說：「我不要用手喝，我要用嘴巴喝。」

　　豆從凌晨三點一直和我混到早上八、九點才睡著。護士小姐九點過來灌腸，我請她讓豆多睡一會，十點再來灌。

　　下午一點作檢查，這次麻藥直接打進置留針，不到一分鐘，豆軟癱在輪椅上。將豆抱上病床，好像抱著一隻死垂的小雞，四肢受著地心引力，直直軟掛著，一點力氣都收拾不來，是我的豆嗎？大腸內視鏡是屬侵犯性檢查，檢查前必須簽署一些文件。沒事的話，只是一些例行公式，如不幸的話……。醫生請我離開病房，留豆下來作檢查。作完大腸內視鏡檢查，一切正常，意思是說，仍找不出血便的原因。醫生要我們再觀察一天，明天出院。

＊　　　　　　　＊　　　　　　　＊

　　留在醫院，我和豆閒著沒事到處晃。走進電梯，看到一位小朋友坐著輪椅吊點滴，嘴鼻淌著鼻涕口水，豆當場問我：「那位哥哥為什麼在冒泡？」

　　我一把摀住豆的嘴巴，緊張的看著照顧小朋友的大人，真怕從她臉上讀出不悅的神情。

＊　　　　　　　＊　　　　　　　＊

　　吃完晚飯，我帶豆去醫院內的遊戲室玩。裡頭有一位小朋友，比豆大一點點。兩個小人各玩各的，隔空搭話，沒啥交集。突然那位哥哥蹦出一句「珍珠奶茶！」因為禁食受饑餓折磨的豆，已好久沒吃到珍珠奶茶，一聽到心愛的食物名稱，馬上瞪大眼睛衝到人家面前，對著人家吼：「這裡沒那種東西！」

　　激動什麼呀？趕快把豆拉開。回房間，雖然剛吃過飯，繼續卯起來吃零食。豆

55

也禁食好久了，一下子解禁又塞進了水果、餅乾、炸雞、薯條……，樓下速食店買的。老毛病又犯，咕嚕咕嚕又吐了一身一地。我先將豆身上的髒衣服脫光，豆又嚷著要大便！找來便盆，小心閃開一地穢物讓豆便著。轉身到浴室找東西清理地板，出來，豆已不見！拿著抹布，尚未追出去，護理站傳來驚叫聲：「那一房的小朋友？怎麼光溜溜？」我趕快跑出去領孩子，除了一絲不掛，我還不敢跟大家說，豆屎了一屁股也還沒擦呢！

快樂的出院，結束三天來的長庚假期！

從恩主公、台大、到長庚醫院，作過各種檢查，仍找不出豆血便的原因。醫生開半年軟便劑說，吃完再觀察！我不服，豆的便雖然三、四天一次，但並不硬，根本不需要軟便劑！不能對症下藥，靠散彈打鳥式的醫治，不能教我心服。丟掉軟便劑，我無法把這種事擱著，只叫我再觀察！回家土法煉鋼，在白飯裡添了糙米、燕麥，煮好的青菜再剪個細碎，增加豆的纖維量。另外除了固定的水分，每天額外再加餵500cc的白開水，血便依然，但也沒有進一步惡化，只是大便一直還是三、四天才一次。一直到豆回到台中後，整個大便的問題才正式解決。

豆的血便，人事的部分能做的都做了，再來就不去管了。回到家，豆還是一個正常活潑的孩子。「豆，來！包尿布！」我拿著尿布呼喚豆，豆一面跑著讓我追，一面回答：「我沒屁股，不用包尿布！」真是喜歡豆的回答，沒屁股，多省事！

說 故事

躺在床上要睡了，豆一直要我講Spider（蜘蛛）的故事給他聽，童話故事我都聽過，但講不來，只好把豆在白天所發生的事編成故事說給他聽。

Spider回台中二叔公那兒，二叔公家有琪琪姊姊，還有在花園裡養四隻文鳥。

Spider在二叔公家黑色的沙發上爬上爬下，Spider的媽媽餵Spider吃肉羹飯。肉羹飯裡有筍子、有木耳、紅蘿蔔、蛋蛋……（混著，拖延一點時間），Spider一邊吃一邊玩，一邊唸著哈里斯、賈斯伯（《101忠狗》裡的壞人）「伯」一唸完，一口飯也跟著「伯」出來，噴了一沙發。

　　這是白天豆所發生的真實事件，我只是如實再描述一遍。那知豆聽到這裡，聽出自己白天發生的糗事，哈的一聲笑岔了氣，緊接著一陣狂咳，我見情勢不對，要豆冷靜深呼吸，已經來不及了，豆哇的一聲，吐了一身一床；阿娘喂！凌晨一點多，我慢慢的收拾殘局，該死的Spider！

寵

　　晚上十一點多，大夥聊著天都還沒睡。算算豆也該餓了，我拿了一根玉米給豆，想讓他墊墊肚子。豆聚精會神看電視，光拿著不吃，就這樣撐著。我看了嘴饞要豆讓我咬一口，豆抵死不從，眼睛直盯著電視。以為豆沒注意，我就著豆的手，把玉米移過來啃一口。豆突然從電視中回魂過來，看到玉米被我咬一口，兇狠瞪著我，大哭！不是大哭，是狠命嚎叫，就在我鼻頭正前方，張嘴嚎哭尖叫，叫得我耳朵失聰，怎麼哄都哄不聽，一邊哭還一邊對自己說：「我哭不定（停）！」雙腳一直跺。哭他的玉米破了！

　　我說：「破了我吃掉好嗎？」豆仍是強力拒絕，破了他不要，但也不讓我吃！而且竟要我把玉米丟到垃圾桶！我心想，才咬一口，太浪費了吧？不捨，懇求豆，豆還是

堅持要丟垃圾桶不讓吃。我不死心：「豆，你比較愛媽咪還是愛垃圾桶？」

「丟！」豆回得果敢堅決，沒有商量的餘地！

垃圾袋新換上，還沒有丟垃圾，待會我還有機會，咚一聲，我丟了玉米。動作完成後，豆終於不哭了！但是，豆開口：「再買一支新的給我！」

我瞪大眼，剛丟的是碩果僅存的最後一支，我已忍不住要發火了！阿公則是早就受不了豆的哭聲，趕快開車載豆去7-eleven買一支完整的玉米。回來我心裡還惦記著垃圾桶裡的玉米，看能不能撈出來啃一啃，還沒付諸行動，豆剝光衣服在垃圾桶裡撒上一泡尿，唉！什麼都不用掙扎了。天殺的！

活菩薩外婆也瘋狂

豆的手髒了，要紀念堂阿媽（豆的外婆）幫他擦一擦，阿媽笑說：「這麼髒，擦不起來，要把手剁掉。」

豆伸出手，很豪氣的說：「妳幫我剁！」嚇得吃素的阿媽趕快唸：阿彌陀佛！

紀念堂阿媽茹素二、三十年，身心修養得很清淨，人很樂觀，一切往好處想，過得相當自由快樂，沒啥脾氣。騎了一輛撿來的舊腳踏車，踩不到兩下，輪胎破了，阿媽只覺得好笑，一路笑一路牽到車店請人修補。過馬路，為趕紅綠燈，整個人一踉蹌從人行道摔往快車道上的斑馬線。不管身上那裡跌傷了，只覺得自己跌得很爆笑！掙扎起來沒檢查傷勢，只是對

自己的狼狽笑不停。

對宗教相當投入，時常要我帶些朋友或同學一起去聽道，我說路途遙遠不方便，她說有專車接送，我不曉得宗教也進步到如此的入世，好像在搶什麼業績。有一次拗不過，跟著她去，她說今天的講師很會講，要我注意聽。聽不到十分鐘，阿媽已睡得搖來晃去，接著開始打呼、嘴角淌著口水，講義也掉了，似乎再也找不到可以令她生氣、難過的事。

但是，當她牽著兩歲的豆走過兩條熱鬧的街後，竟咬牙切齒的說要把豆吊起來用皮帶鞭打！她受不了豆隨時要掙脫她的手衝往車陣，嚇得阿媽心臟差點病發、幾度失控尖叫。二、三十年的功力，抵不過一個兩歲小子的魔纏，慈眉善目的活菩薩，當場齜牙裂嘴扭曲了臉。

斷奶

豆一歲三個月時，有次我們去台中幾天，豆鼻塞得很嚴重，不能呼吸。晚上睡不好，難過生氣，吱吱叫、哇哇大哭！我用嘴去吸他的鼻涕，也沒能完全吸出，反倒是自己喉嚨因此感染了。換我難過得要死，身體感到很不適，好想靜靜躺著休息一下。但豆仍不時會來找奶吃，教我無法好好的休息。因此斷奶的念頭開始萌芽。

於是有一天，心血來潮，真的是心血來潮，自己都沒充分準備，我在奶頭上抹上征露丸，這下可把豆嚇到了。豆湊上奶頭，聞到刺鼻的辛辣，果然不敢吸。晚上睡覺時，我以歌唱安撫他睡了。半夜豆要吸奶，哭鬧一陣，泡奶給他喝，也熬過了。可是，我的奶卻鼓漲得像一顆發亮的金彈！最後在我漲得難過下，我屈服了，繼續讓豆吸。可是豆也變得有戒心，只要跟他說辣辣，豆就會用手彈一彈奶頭，再用鼻子聞一聞，確定不辣了才敢放大口吸，哈！哈！哈！

上次斷奶沒斷成，就放著任豆吸了。現在豆又吸出滋味了，還會跟奶頭玩。要吃之前一臉笑意撥著奶頭，趴下去靠一下，或用下巴鼻子輕觸，再抬頭，又是一臉笑意，有點惡作劇的感覺。一而再，再而三上上下下，玩夠了才會甘願的趴下來認真吸。吸的時候，空騰無聊的小手就玩另一邊的奶頭，或是想摳我的嘴巴，戳進我的鼻孔，常常我都得用手將他制止，或是搔癢豆，讓豆笑得縮成一團才會住手。

　　　　　＊　　　　　　　　＊　　　　　　　　＊

　　不曉得何故，我的右奶阻塞腫脹，痛！痛！痛！婆婆教我用萬金油塗一塗再用梳背刮一刮。我痛到蹦都不能碰，怎個刮法？尤其不能再餵豆了。因為那條蠻牛，吃奶都會頂來撞去。我告訴豆，媽咪的奶痛，抹藥會辣，不給豆吃，順便斷奶。可憐的豆沒奶吃，和阿媽在樓下混到凌晨兩點半還睡不著。最後我把豆撈上樓，告訴豆，媽咪的奶只能摸不能吃。豆也很忍耐，彈彈奶頭（左邊），揉一揉、捏一捏，用鼻子額頭磨一磨，就是沒有張嘴來吸。只是眼睛瞪著奶頭一直吞口水，聽他咕嚕咕嚕的乾吞，心好疼。

　　　　　＊　　　　　　　　＊　　　　　　　　＊

　　前些日子我在浴室滑倒，撞傷了肋骨，痛了好幾天未痊癒。躺在床上，這小子要吃奶時像隻小蠻牛，毫無預警咚的一聲就撞上來，痛得我慘叫失聲！豆被我的叫聲嚇到，多半會停下來拍撫著我，說對不起！三兩次後就皮了，再壓到我時竟然說：「跟妳玩的！」

　　誰跟你玩？真想揍人哦！

　　　　　＊　　　　　　　　＊　　　　　　　　＊

　　自從上次在大門口要吃奶被隔壁連阿媽斥喝一次以後，現在豆不乖時，我只要說連阿媽來了，豆馬上會靜下來或從我身上跳開，自己喃喃地唸著連阿媽的台詞：「誰人講要吃奶？這呢大漢了擱要吃奶，羞羞臉不見笑！」而且也是學高八度，尖

嗓子叫的。

　　有母奶吃的孩子是幸福的，可餵兒母乳的母親是成就滿足的，避開連阿媽，豆仍是躲在人後吃奶！

　　斷奶總共斷了幾次，自己也不好意思數。前幾次是自己漲得難過，最後痛得受不了，再把豆壓到胸前要豆幫我消腫。後來也是自己心理沒調好，豆如不吃母奶了，做母親的我沒被需要，會有失落的感覺，難以割捨，放不下的還是我。在豆住院的期間，總算把自己好好的整理一遍。那種被豆牽扯的血水親情，對我來說是太沈重了，生離死別早已注定，隨時都得備好，不應為了兒而讓自己如此的羈絆沈淪。不是要培養一個獨立的生命，一個可以自處的人格？如果我自己是這麼放不開，時時綁手綁腳，那要教孩子如何高飛？如何果敢堅決？就在血便事件中，看到自己為豆的傷心欲絕，為豆的下陷癱瘓，過分溺情了！我，可以不要如此。所以再回頭來斷奶，心意已決。剛好奶量也逐漸銳減，現在吃奶，真的只是安撫作用。豆也大到可以用商量的，商量不了，稍微哄他一下，說奶裡有蒜頭、有可樂、綠油精⋯⋯，豆光聽就害怕：「可以把綠油精擦掉嗎？」或是：「妳把可樂倒掉，再裝一瓶新的奶進去好嗎？」

　　哄了幾次，豆只是盯著奶發愁。除了豆的情緒嚴重失控，非要奶的安撫，我已漸漸要豆把奶割捨掉。拉拉扯扯，兩歲半以後終於斷得一乾二淨。

　　　　　　　　＊　　　　　　　　＊　　　　　　　　＊

　　也是拜母奶之賜，當大夥被口足病搞得人心惶惶時，我心裡還是很篤定。雖然豆免不了也感染了，但比起來病情算輕微。別的小朋友的兒童健康手冊一頁用完又加貼了好幾頁，貼得厚厚的一本像清朝文獻。豆則除了必要的健康檢查和偶爾的小感冒，用到冊子的機會並不多。即使血便住院作檢查，還是連一頁都沒蓋滿。除此之外，在哺育母奶當中的親子交流，那種心貼心，眼對眼的親密接觸，勝過任何口

頭上的千言萬語。兩年半的肉膊廝混，豆應比一般的孩子幸福，我有這個自信。而且母子之間的互動，在日後精密準確的表現出來。接下來，哈！哈！哈！該是我好好的給他「照顧照顧」了。

衝突

如果我一直都是吃飽睡，睡飽吃，我就可以閉著眼數著飯粒一路歸西。偏偏我還會思考。思考日漸萎靡的生活態度，富足的環境讓人一點鬥志都沒有。看得見沈淪的自己，卻提不起勁把自己挺起來。望著肥胖的身軀，真的是吃到撐了。當下想努力改革一下自己的身心言行，帶著豆從外面散步歸來，客廳大剌剌的躺著阿公，就是叫不開門，醉昏了。

豆在門口騎車，鄰居一堆小朋友都在，吵吵鬧鬧玩得很愉快。我倚靠在大門邊與鄰居阿君閒聊。豆騎著車，硬要從我和舒情（小豆一歲多的阿君小女兒）中間過，腳踏車的副輪輕輕輾過舒情的腳背。我驚呼一聲：「豆！你壓到人的腳了！下來跟人家道歉。」我真的是滿心歉意，這魯莽的小牛，當著舒情她娘的面，輾過舒情的腳。

不嚴重，舒情沒哭。但我還是要豆下車來道歉。豆也很火：「我要走那裡，你們為什麼不閃開點？」

「咦？你在說什麼東西啊？壓到人家了不道歉，還在哪兒魯？壓到人，就要說對不起！」

豆還是不服：「啊我不知她的腳在那裡啊！」豆回得面紅耳赤，一聽就知道沒辦法講道理的。有沒有什麼智慧寶典，此刻我該用什麼表情、什麼口氣、什麼語言

來訓示這個無禮的小子？

「你不知道就可以壓人的腳？輪子怎會有感覺，你當然不知道你壓到人的腳，但你騎車，本來就該注意怎麼好好操控你的車，而且壓到人，明明錯了，辯什麼呀？」

「我的車子要過，那兒是路，你們為什麼不讓開？」

「不讓開你也不能壓過去！」找不到詞，跟著豆的詞打轉，我是白痴！

「下來說對不起！不然我揍你！」我常給豆二選一，可以有選擇，選了就準備承擔，絕不讓渾水摸魚閃了去，而且這樣比較有效率，省得一句來一句去，拉拉扯扯浪費精神體力。眾目睽睽，我是智障加三級，我點不醒豆，還把情況僵死了。

「我的車就要從那裡過，你們為什麼不讓？而且舒情的腳又沒流血！」流——血——？還得了，人家會砍上門的！墨子說，殺一個人和殺十個人一樣是殺人。豆，你就是輾到人的腳了，不管嚴不嚴重，流不流血，你真的該道歉！把豆攬進懷裡，往豆屁股狠狠一掌！這一掌也沒讓豆懂，豆仍是不服的。但我也不得不出手了，言出必行，豆，你也要為你犯的錯接受懲罰，即使你不服不認。

這一掌是攬在懷裡打的，打完，豆仍在懷裡，豆接受他應擔的責罰，但很篤定的偎在我懷裡，感受我給他的安撫疼惜，彼此都沒有失控的情緒，豆也是用理性的態度在接著。我知這頭牛是不疼這一掌的，但在眾人面前捱掌，也夠他扛了，明知。但也故意有個明確的交代，對豆、對舒情，對阿君，也對自己。揍完，豆仍是不道歉，雖然我心裡還是過意不去，但阿君一行人已陸續拐回家了。

「豆，你不道歉，連道歉機會都沒了！舒情她們回家了。」我惋惜的告訴豆。

阿媽在屋裡早已聽到外面的爭執，雖然我揍了豆，已將事情做個段落，但阿媽衝出來一把抱起豆，往舒情家走去。旋即回來：「我已帶豆向人家說對不起了！你就不要

再刁難這個孩子了！」說完抱著豆進屋裡去。留下蹲在門角的我，愣愣的。阿媽，感謝妳，妳太疼豆了，但……您衝動了。

＊　　　　　＊　　　　　＊

帶著豆約江韋（大學同學）去逛誠品，買了一些書。當我要去取車時，請江韋帶豆在誠品門口先等著。送江韋回去的途中，江韋說：「豆看到一輛賓士的模型車，要我買，沒先問妳，不敢買給他，替他買了一本書，毛毛蟲，可以送他嗎？」

感謝江韋，在聊天時曾提到，要拿東西給小朋友時，應先與大人打過招呼，避免挑逗了大人與小孩間的行為規範或協定，造成親子間的衝突。尤其要請小朋友吃零食時，我更會先透過大人，再請小朋友吃。因為不清楚這個小朋友在這個時段能否吃這種零食？或是小朋友的身體狀況此時可否接受這種零食？有無過敏感冒什麼的？這些細節外人是不會清楚的，只有照顧小朋友的家長才知道。以現在平均富裕的家庭，那一家吃不起糖果、餅乾？能克制不吃才是一門學問。感謝江韋的尊重。

豆帶著哭訴的聲音說：「媽咪！我要一台賓士車！」

連價錢我都不問：「我們很窮，買不起賓士車。」

「為什麼我們很窮？」

「媽咪沒上班，爸賺錢很辛苦，不能隨便買東西。」

「媽，妳為什麼不去上班？」邊問邊回頭，頻頻拭淚，看著離得越來越遠的誠品，忍不住又哀號：「媽咪，妳回頭啦！賓士車在後面啦！媽咪，快回頭啦！嗚——嗚——！」隨著加快的車速，豆哭花了臉。

江韋家到了，送她下車後，豆又開口：「媽咪，妳為什麼不去上班賺錢？」就是不死心。

「唉！媽咪如果去上班，你要去幼稚園上課嗎？」該是好好談一談的時候了。

豆想了一下：「好，我去幼稚園上課，妳去大舅的公司上班，有辦公桌，有冷

氣那種的，不要去爸爸的公司霹霹啪啪的！」還沒哭完。

「好吧！媽咪開始找工作上班，你去幼稚園上課吧！」

豆勉強克制自己：「幼稚園老師現在睡了嗎？」

「現在？」晚上九點多，還沒吧？

「你要做什麼？」搞不清楚豆的葫蘆裡裝什麼。豆還是嗚咽的聲音：「我現在去老師那邊上課，妳去上班賺錢買賓士車給我！」該死的孝子！

「不是現在啦，人家都下班下課休息了！」握著方向盤，我無法確定自己的方向。

到家，車才停好，豆一進門，哭倒在阿媽懷裡，說沒買到賓士車。第二天，阿媽帶著豆到附近大賣場給豆買了一輛遙控賽車，近兩千塊，豆沒有很中意，三兩下玩壞了，阿媽又補買了一輛新的。嗯，家裡快可以開玩具車展了。

＊　　　　　＊　　　　　＊

帶豆到便利商店，新來一款玩具車，豆看了又想要。我特別叮嚀豆，囑咐豆千萬不可再買車了。對一個小孩子來說，家裡堆積如山的玩具，尤其不用與人爭奪或分享，豆一點都不覺得要珍惜。但阿公與阿媽，每次帶豆去全家便利商店，回來都會替豆買上一輛玩具車，他們得靠這個物質的傳遞才能表達出愛。我還是再三嘮叨豆，家裡玩具已經夠多，不得再添新的，豆謹記在心。

豆與阿媽去一趟便利商店，仍又買了一輛新玩具車，回來路上，豆心中忐忑的問：「媽咪說不可再買車，這次回去媽咪會罵什麼人？」（豆真是受教，這些話是阿媽回來學給我聽的。）

阿媽安撫著豆：「是阿媽買給你的，媽咪罵阿媽，不會罵你。」

難為你了，孩子！

當天晚上，我這個不肖媳婦，搞不清楚自己的身分地位，當著公婆的面訓示孩子，訓示豆為什麼阿公阿媽在買車時不去拒絕！豆聽得進去我的話，沒跟我辯，但

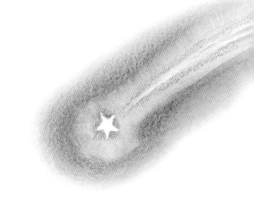

公婆聽得臉一陣紅一陣白。

「做人的阿公、阿媽，我難道不能買玩具給自己的孫，你去找人來說說看！」
終於迫使老人家著氣，開口把我逐出家門。

＊　　　　　　　＊

簡單打包好行李，豆爹趕了回來，在公婆面前數落我的不是，回頭上樓來疼我惜我！告訴我身為人子的為難。知的，感謝！

婆婆上樓，問我真要走的話，得稟報雙親讓他們知道，免得一個女兒嫁過來卻走得不明不白。打電話給娘，說要帶著豆回台中安順東二街住，那是娘買在台中的房子，現在只有大妹阿評與她的室友兩人。以前我在台中教書時也住那兒，我的房間還在。

娘知我，要我好好過著。豆爹也知我支持我，要我帶著孩子，好好把孩子教好，經濟後援有他撐著。豆爹從小也是與阿公阿媽一起住，知道其中的辛苦 一直到退伍才回來與雙親住，豆爹說他已經垮了，不要自己的孩子也跟他一個樣。我倔強、我驕傲、我蠻橫，但我都懂，真的是感謝。

兩人擬好雙簧，豆爹又下樓在公婆面前說我的不該，但請公婆就讓我們母子倆回台中去。趁著老人家表面還硬著，能走就走，免得公婆心中捨不得孫子，態度一軟，我也跟著硬不起心腸，繼續留下來醜陋的活著。

打包好要走，要豆只能選帶一輛最心愛的玩具車，豆也乖，果真只拿一輛。拿好，豆說：「媽咪，晚上天黑，明天日頭出來天亮了再走好嗎？」

我已滿眼淚水，孩子，你能體諒媽，媽再任性，也知該回你。依你，明早天亮再走。豆剛滿三歲三個月。

安順東二街

超幸福媽媽守則九

常常幫孩子加強心理建設，凡事自己先努力，先去處理面對，無效時，再來找媽媽討救兵幫忙解圍。

超幸福媽媽守則十

不要太早認字，讓孩子從顏色、形狀、聲音、氣味……等，靠他自己珍貴的原始本能來認識這世界。

超幸福媽媽守則十一

下雨天讓孩子高興的淋雨玩水，此時不給他玩，過幾年後，孩子可能也找不到舞雨的心情了。

超幸福媽媽守則十二

游泳時，丟棄焦慮急躁，放任孩子去近水。用孩子的方式，用孩子的節奏，用孩子的心智能力，他們是可以玩水的。

超幸福媽媽守則十三

讓孩子少看電視，多接近大自然，讓田園山水、花草樹蟲成為孩子最頂尖的老師。

回 到台中

　　幾番折騰，終於回到台中。想當初挺個大肚子，在風雨夜裡（賀伯颱風）只有我一個人，和一個將出世的嬰兒；如今繞了一圈，我又帶著這個三歲娃兒回到原點。

　　回台中過了半個多月後，身心雖是自由了，卻又有自由後的空虛和不確定感。

　　堅持理念是要付出代價的，放棄了物質上的優沃資源，回台中過著刻苦生活。精神上的抱怨雖不復存，卻總覺胸口還是有一股悶氣。渴望一個溫暖和樂的家，但自己的努力不夠，能說什麼呢？

　　生命一時沒有了熱情、沒有衝勁，與豆周旋在老舊的五樓公寓。豆，總是會長大的，那我的重心呢？研究所畢業後整個人投入婚姻，就閉著眼順著走，如今走出土城那個殼，眼睛卻還是懶得睜開。看什麼呢？不哭、不笑、只是理解？早也理解了，所以知該哭、該笑，但不特別熱衷。什麼事都似乎很慎重，但又輕描淡寫。吃個乾麵覺得很幸福，飽了也罷了！打牌打得很盡興，輸了也會暢快的哀號！豆吵鬧，哄疼一陣後，也會將視線從電視上移回，嚴肅的教示一番！然後呢？

　　咖啡喝太多，半夜睡不著，起來寫一些雜感，又覺得屁股撐漲頗有便意，我是繼續寫呢，還是去蹲廁所？還可以撐多久？很急了嗎？似乎是！要起身了？筆還捨不得放，便意稍退，但還在！想起龍應台，這位奇女子，優秀的人……，便意又來，側個身，把壓著的屁先釋放出來，好多了！龍應台，我一口氣把她的著作全買齊，讀了，欣賞、崇拜有之，懶得看清楚的也不少，我視野沒那麼廣，深度也不夠。先上廁所吧，已經起雞皮疙瘩了！起身後拖了一兩聲悶屁，坐上馬桶比比噗噗，拉了一些屎，之後只剩腹鳴，再也沒有東西。聞到氣味後，開始回想今天吃了那些食物。腹鳴依舊，我杵著下巴看著自己的腳指頭，想到梵谷，可是梵谷會畫

畫，我什麼都不會，只拎個豆！大妹阿評的經濟狀況又差我一截，不像梵谷的弟弟可以供給梵谷。想到豆爹生日快到了，要做一張卡片寄給他，還要附上一張與豆的快照。回到書桌繼續寫，腹鳴依舊，無屎意，有點睏，再回床上躺躺，看能不能睡著。

書信

王老師您好：

　　回台中已近兩個月，渴望自由，突然自由，無羈絆的生活還真有些可怕！因教育問題與公婆處得不愉快，在先生全力支持下搬回台中，沒有意外的話，小兒可能在此上小學吧！

　　前兩天削了一粒哈密瓜，母子倆邊剝著花生，邊配瓜，默默無語也吃完了。說無語，小兒偶爾還是會抬起頭用清澈的眼睛搜尋我臉上的任何訊息，我丟給他一個微笑，他也皺著鼻回我一笑！

　　先生還在台北，賺錢供我們母子開銷，與婆家聯繫良好，月初曾帶小兒回去小住兩天再南下。

　　在土城，放著舒適的少奶不當，回台中大雅幫忙做一些不支薪的雜工，邊刷鍋邊想如何給您回信。每天忙進忙出，忙得只剩下呼吸，沒辦法思考。

　　快樂？幸福？目前無法下定論，最紮實的倒是自在，完全放下的自在，難以言喻。

　　說我放棄，我還惦記著給小兒說故事，小兒頑皮、聰慧，當然是好氣又好笑，耍狠了不理人，竟趕我：「媽咪，妳好走！有空再來玩。」

　　小兒雖然思念土城的家人，但目前，我是他的一切，所以，他還是活在幸福的世界裡。您呢？您想聽的是這些嗎？告訴我有關「您」吧！我想知道您！

妮昂88／12／19

大雅

大雅老家是個典型的一條龍古早平房，玄瓦白牆，還有一片田，爸在那兒有個工廠，平時做豆花，中秋做月餅，年節做些應景的糕粿。爸再婚後，生了大弟（高三）、小妹阿柔（專二）。平時沒事，我就拎著豆回大雅，混個兩餐，也讓豆在大雅有活動的空間。爸、小媽都疼惜我們母子倆，也不多問，總是信任著我，盡量給我們空間，給我們支援，不用言語的親情，感受得到。

＊　　　　　＊　　　　　＊

豆在小妹房間午睡，尿濕床舖。阿柔下課回來問他：「豆，你是不是在我房間尿床？」

「沒有呀！」豆耍賴。

「那為什麼床濕濕的？」

「我不知道！」豆決定一推二五六。

「你中午有沒有到我房間睡午覺？」阿柔不死心。

豆想了想回答：「可能是我在你房間沖水的吧！」

那個痞子，什麼藉口都掰得出來，阿柔性情好，棉被換一換也由他了。

豆喜歡與阿評（大妹）鬥，阿評言語準確犀利，最看不慣被寵壞的小孩。豆沒有被寵壞，但有超過他年齡的智慧邏輯，一張嘴也是銳利的不得了。如要將豆視為三歲小孩，想用一般三歲小兒的方式來與他周旋，損過三兩句話後，馬上知道情況有異而無法招

架。大夥的愛心、同情心會被豆「毒」門的童言童語摧殘殆盡，當場想回復大人原有的心智來與豆對砍，可惜這時先機已失，沒搞清楚狀況就讓豆三分，輕敵的結果就是準備鳴金收兵。閉嘴還可落個耳根清靜，否則會被豆纏得逃不了戰場。

　　阿評是壓得過豆的其中一位。豆不是阿評的對手，在他來說也是很挫折的事。征戰南北，少有遇到不買帳的人，要不臣服在豆的爆笑問答下，要不就疼惜豆是一個三歲的娃，那有人不滿腹溫柔的來待豆呢？豆與阿評就不時如此僵著，誰也不服誰。豆恐嚇不了阿評時，就會找一個位階比阿評高的人訴苦。當豆知道外公要為他出氣時，得意洋洋，馬上去向阿評挑釁：「阿公要來修理妳了！」

　　但是當外公說要先去睡個午覺再來時，豆簡直是洩了氣。

＊　　　　　＊　　　　　＊

　　在大雅，大夥忙著做冬至的湯圓，豆也忙著打掃幫忙。豆把沾了水的雞毛撢子拿去撢車子，沒人理他。當著一桌吃飯的人，揮著掃把揚起一地塵，也沒人理他。掃出興味了，索性把掃把高舉，要掃桌上的雞骨頭，看到舞上桌的掃把，這時所有吃飯的人才驚慌失措的跳了起來。

　　做湯圓，豆也擠進人堆裡占個位置，拿著湯圓玩。掉了一粒在地上，豆竟用腳去踩。阿評很生氣罵豆：「你這樣討債（浪費），會被雷公損（打）！」

　　豆瞪大眼，露出害怕的表情：「雷公要用什麼東西損我？」沒人接得了腔。還是阿評冷靜，後頭拿來一支擀麵棍：「就像這支！」才勉強穩住場面。

　　豆不乖，我很生氣，豆也很生氣，而且竟想反抗揍我，我更火大怒吼他：「你敢打我嗎？」你這忤逆的叛徒！

　　豆怔了一下，四處張望：「你爸現在又不在這裡！」

　　說什麼呀？我爸不在這裡，你就要出手了嗎？扁你哦！搞不清楚狀況啊你！我是你娘哩！

屎 話連篇

豆不吃買來的香蕉，卻對嬤婆種在田溝邊的香蕉情有獨鍾。一天吃三根，吃到早晚各拉一次屎，厲害吧！吃啥軟便劑呀！

一個平常的日子，「我肚子痛！」豆嚷著。

「去大便！」我真高興聽到豆的屎訊。

「我放（拉）不出來，還在跟尿講話！」豆已乖乖坐在馬桶上了，扯著嗓門回我。

「誰？誰還在跟尿講話？」是不是我聽錯了？

「我的屎……還在跟我的尿……講話！」坐在馬桶上的豆一個字一個字認真的回答我。

「咦？你的屎還真多話！」屎跟尿在講話？

豆說他今天拉的是貝殼屎，我當然聽不懂。豆的屎花樣特多，當他拉不出來時，是屎在跟尿講話，或是他的屎中有骨頭，卡住了，拉不出來。或是「我的屁股洞太小……怎樣才可以把它弄大洞一點……」再不他的屎是軟趴趴的粿，黏住屁眼出不來……，真是屎話連篇！

新 電腦

嗨！馬仔：

過了幾個月沒電腦的遊魂生活，我終於買了一部新電腦，當然還有三年免費帳號！每天上網打牌的生活，讓我覺得人生還是有希望的，YA！

在台中混的這些日子，越混越不想回去（等一下，我這機密文件會不會被攔截？您知道選舉是粉可怕的……）每天與兒子東跑跑西逛逛，尤其年前天天回大雅我爸的老家（我住台中市娘買的房子），臭小子天天飆車，不是飆進田溝就是蹺孤輪倒栽蔥，跑跑跳跳的結果是，小子每天拉屎，every day！天呀！傑克，這真是太神奇了！活動量夠到這種地步！

我在這邊，經濟方面完全沒問題，老公全力支持，娘家、婆家也全力支持，小子只要開口，電視、錄放影機、PS（一種連我都搞不清楚的電玩）一樣要啥有啥，土城完全供應，然後每半月我與先生輪流來回一趟，女兒賊、媳婦賊隨便，物資補給豐碩到以拿不動為原則，我在這邊是粉幸福、粉自由、粉有尊嚴的，連揍小孩都可以毫不遲疑地下手，這種日子真是夢寐以求！（But，有一次失手K到自己，粉痛，我就收手。就這樣度過了扁小孩的蜜月假期，現在改換更可怕的精神虐待，哈哈，夠爽吧！）

下次再跟您聊，我要去打牌了！

妮昂　89/03/05

罰站

豆不乖，體罰不好，人家都這麼說，書上也這麼寫，再加上豆不太怕痛，所以少揍他。多半要他站牆壁背唐詩。唸唐詩不痛不癢，照理三、五句唸完下台一鞠躬就了事了，偏偏豆把站牆壁當成是一種很大的懲罰，常常站得痛不欲生。今天人在外面，豆又沒聽話，罰豆去站牆，豆說找不到牆！這裡又不是荒郊野外，找不到牆？我隨手揮一個角落，豆走過去嗚咽的說：「那裡有蜘蛛網。」

唉！我還找個皇宮來罰你站咧！

豆與小黑

豆有一個心肝寶貝，叫小黑，豆說小黑是他兒子，順理成章，我就是小黑的阿媽，豆很堅持要為我升級。唉！我可以不要嗎？那是一隻流浪狗。在大雅，黃昏市場常有一群流浪狗，小黑就是從那兒跑來的。豆和小黑混得很熟，常摟著小黑又親又咬的，完全不理會小黑有多髒。小黑有時也會將前腳搭在豆身上，讓豆拖著，用後腿踉蹌，那模樣像是一對彆腳的舞者，只不過這對舞者是一個小孩和一條狗。

喪禮

祖母在大雅過逝了。老人家原本就有一些宿疾，這次的近因是腳趾頭扎破一個小洞。起先大家不甚在意，塗了一陣子藥，因為有糖尿病，結果越塗病情越嚴重，最後竟然惡化到要截肢。截了拇趾也沒醫好，最後心臟衰竭，壽終正寢。

停靈在家那幾天，偶爾會有三姑六婆從田埂遠遠的那端一路哭進來，咿咿呀呀，頗淒厲的。豆沒見過這種場面，也不知輕重，腳踏車騎了迎上前去，跟在嗚嗚咽咽的三姑婆後面，開問：「哭啥？」

三姑婆哭得唏瀝嘩啦的，誰理他！豆仍好奇：「阿婆，妳是在哭啥？」（豆應稱她婆太的。）

三姑婆一路哭進廳堂：「阿嫂喂！我的阿嫂喂……我沒伯沒母，攔沒兄沒嫂……轉來厝前厝後找無父母！」聽了鼻都酸。大姑、二姑、娓姑早已跪在靈前也是嗚嗚啊啊等著上香接答。

豆不死心，跨下腳踏車跟了進來，找了比較善良的娓姑：「姑婆，伊是在哭啥？是不是伊尪死啊？」（死了丈夫！八點檔學來的台詞。）當場，姑姑們噗的一聲，混著鼻涕、眼淚噴笑了出來，除了有點耳背的三姑婆依然故我的哭唱外，其他的已痛苦的不曉得該哭還是該笑，哀戚的情緒差點撐不下去。

終於大姑率先吸氣，穩住了場面，像趕蒼蠅般連忙把豆揮走。後來，當要開始誦經或上什麼正式的場合時，大家都注意先把豆支開，免得到時被豆纏住問上兩句，喪禮當場變成鬧劇。

可以在你肚子裡裝一盞燈嗎？

民國八十九年六月十三日，很重要的日子，豆三歲多，離滿四歲還有一個多月。豆問我：「媽咪，我還沒在妳肚子裡的時候，我是在那裡？」

來了！來了！妖怪來了！在生豆之前，準備多少答案等著豆來問，但準備的多是出世後的問題，依照年齡心智，看豆當時能接收到什麼，再好好回答他。但是，未出世前……我怎知啊？未知生焉知死，不知在世，也知不了未在世，繞口令，我

真的不知道！答案早已準備好等著，可是問題怎麼是從另一頭過來啊！咦？豆，你喝過孟婆湯了嗎？你是不是知道答案，但故意來考我的？妖怪，真的是妖怪！答不了豆的天問，只好拉著笑臉看著他。

母子倆互視一陣，豆看我不出聲，嘆口氣，繼續問：「媽咪，我在妳肚子裡的時候，裡面是不是很暗？」

暗？肚子裡的嬰兒到底有無視覺？能感受多少光？

「嗯……，是吧！」

「媽咪，我可以在妳肚子裡裝一盞電燈嗎？」我想像著肚子裡裝電燈的模樣？像照著百燭光的雞蛋？一定要這樣嗎？我已經卡住了。

「媽咪，我要是在妳肚子裡牽一條電線，妳會被電到嗎？」

「唉……會吧！媽咪會被電得吱吱叫！」救人哦！

玩沙

早上豆吵著要去小公園，不得已關掉掛心的股盤，來到小公園。很快的，小朋友一堆，婆婆媽媽一堆，各自帶開，我則一個人踞在長凳上，把整個腦袋空出來，發呆！我隨著陽光移動身子，視線遠端的豆已玩得一身泥。從他掀拍衣服揚起的塵埃，可測知他身上的含沙量。一位阿媽終於受不了，操著棍子打散了這群小人，只有豆昂著頭在與她爭辯，太遠了，聽不到內容。只見那位阿媽的棍子在空中晃了兩下，豆就低頭拖著喪氣的步伐走回來，到我面前，未等他開口，我已許豆可再去玩沙。豆的花臉瞬間燦爛綻放，感激之情溢於言表。不用得意，只是讓你玩一堆沙罷，瞧你樂的！

豆立刻轉身躍進另一堆沙，捧起沙子，任細沙在指縫間流過，有沙玩的小孩真

是幸福！這種美好的畫面維持不了多久，當我拎著豆回家時，可以看見篩留在豆短髮裡的沙，連眉毛、眼睫毛、鼻孔都有細小的塵埃，這個泥人哦！

收玩具

叮嚀豆很多次，玩具玩完要收好，雖然從台北下來時只帶了一輛玩具車，但三不五時北上時，回來又是滿車子吃的、穿的、玩的。小小的房間，玩具一床，晚上不小心翻個身，不是壓到挖土機，就是踹掉了一地的釣魚玩具什麼的，鏗鏗鏘鏘，在寧靜的夜，時常嚇得我心臟要跳出來。今早掃地時，又是一地的玩具：「豆，請你把玩具收一收！」

豆開始推拖：「那麼多，我會太累！」

「好，玩具太多，收起來會累，那麼我把玩具丟掉就不用收、不會累了！」

「妳麥按呢講啦！我是小孩，小孩本來就不會收玩具！」

道理都清楚，就一張嘴會耍賴，啥事推個一乾二淨！懶的與豆損了，發狠，將豆沒收好的玩具掃進了畚斗。豆很生氣走過來把玩具從畚斗拾起：「我最討厭媽咪了！」

哈！你以為我會生氣？我拄著掃把挺起了腰身：「你可以討厭我，但以後不要再叫我疼你、照顧你了，可以嗎？」人都有喜惡，不能勉強所有的人都會喜歡我，包括我的豆。尊重你，孩子！豆不敢吭氣。

我再逼：「你討厭我，我不生氣，但是以後不要再叫我疼你、照顧你，好嗎？勇敢一點！說得出口就要扛得起來，想說就不要道歉！」什麼媽咪？態度強硬，言辭尖銳如利刃，不留一點空間。

豆怯怯的瞄著我：「可是……如果妳不照顧我，我們就不像一家人了！」豆的

聲音越來越微弱，終於抱著玩具滾到床角。我專心打掃完畢，回頭抱著豆，輕輕的拍著豆，媽不如你，輸你好多。

尊重與信任

在台北，晚上吃飽飯，阿媽要去洗澡，把豆帶上樓吩咐我看著。豆與我混了一陣，想下樓回阿媽的房間玩玩具；阿媽的房間與浴室隔有一扇窗，裡外的人可以透過窗子講話，浴室是由後面廚房打出去改建的，所以是從廚房進出。但剛好阿媽房裡的電燈壞了，有點暗，我再與豆確認一次：「你真的要一個人待在暗暗的房間，不會怕嗎？」

豆篤定的朝我點點頭，房間只是不亮，透過浴室和客廳照過來的光，還不至於暗到不見五指。看到豆的沈著，我放心的上樓去。

豆爹回來，看到阿媽在洗澡，豆一個人杵在幽暗的房間，上來問我：「媽洗澡沒空，為什麼不幫忙把孩子帶在身邊，留豆一個人在黑暗中？」我笑笑，沒回答。

不一會兒，豆爹把豆趕到樓上要豆跟我在一起，豆很不解：「媽咪，爸爸為什麼要叫我上樓，他為什麼不讓我待在阿媽的房間等阿媽洗好澡？」

「爸擔心你一個人在黑黑的房裡會害怕，所以要你上來和媽咪在一起。」

「可是我不怕啊！我要在阿媽的房間等阿媽！」

「好，那你下樓和爸爸好好的說，說你在暗暗的房間不會害怕，你願意一個人在裡面等阿媽，去吧！」

不到一分鐘，豆又垂頭喪氣上樓來：「媽咪，爸爸為什麼不聽我講，他為什麼不尊重我，妳不是說要尊重人，讓人去做他愛做的事？我已經努力和爸爸說了，可是爸爸為什麼還是不聽我的話，不讓我在阿媽的房間？媽咪，你可以幫我去和爸爸

說嗎？」

「豆，來，你已經努力了，爸爸還是不聽你說，你來找媽咪，媽咪一定會幫你，走，媽咪帶你下樓去！」我心疼！也不忍，豆做得很好，只是豆爹真的沒辦法放心，有時候是很無奈的。

我把豆安置好在暗暗的房間，去客廳告訴豆爹，孩子真的可以一個人待在黑暗中，請豆爹不要再煩惱，不用再叫豆上樓或什麼的。

回頭，我還是到房裡幫豆加強心理建設，凡事自己先努力，自己先去處理面對，無效時，記得要出來討救兵，讓外力來幫忙解圍。豆一直摟著我的脖子，不斷的點頭。我都說得很簡潔，但豆就聽得懂，還真是怪哉！

上幼稚園？

豆的年齡夠上幼稚園了，身旁很多人都問我為什麼不讓孩子去上學，將來跟得上其他小朋友嗎？幼稚園，一個老師帶二、三十個孩子，在家裡我一對一，難道帶得會比幼稚園差嗎？

以豆的聰明伶俐，學習能力算頗強的。但日常除了一些道理的講授外，我是不教豆讀書認字。不教豆認字，但豆可以憑他自己的認知方式，去組織他對這世界的記憶。像教豆認汽車的廠牌，常常我必須得看見車的標誌，才有辦法確認是那牌的車子，但豆不知憑藉的是什麼，不用看標誌，他答對的命中率高過我。

偶爾走在路上，豆輕易的就說出某種商品或店號，我卻還得東張西望去找文字來讀。刻意不讓豆認字的原因是，孩子可以靠著他自己的本能來認識這世界，比如從顏色、形狀、聲音、氣味……等，太早認識了制式的符號，再透過符號去組織、紀錄這世界，完全摒棄了人最珍貴的原始本能，捨本逐末繞了一大圈，太可惜了。

這麼做，完全只是想尊重與保留孩子本身的一些還沒被文明污染的自然材質。這裡頭沒有高深的學問，什麼結構主義、語言學、符號……什麼的，我一概不懂。只知純真的東西越來越少，越來越珍貴，孩子身上本來就有這些自然的特質，我不想太早就把那難得的混沌給扼殺。讀書識字，只是早晚，躲都躲不掉。以後期許豆是個貼磁磚的泥水工，識字？好像沒那麼必要吧！

至於上幼稚園過團體生活？好的壞的學一大堆，這是常聽家長抱怨的，而且學雜費又貴，學個舞蹈要服裝費，參觀個動物園要加交通費、餐費……，雜七雜八列個名目就是要繳錢，這些加總起來，花費也是頗可觀的。我還是自己來好了！而且豆如果上學去了，我心情不好時找誰出氣去？哈！現在有辦法揍他時不揍，等將來長大揍不了時，還得提防被他揍呢！現在先撈些本存起來。

學齡前能抱的時候不多抱抱，將來要抱時，不知孩子願不願意讓我們抱，答案是完全無法掌握的，不急，不急著把孩子丟出去。趁他不懂得反抗，多愛他一下。

在 雨中揮毫的精靈

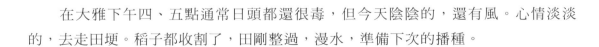

在大雅下午四、五點通常日頭都還很毒，但今天陰陰的，還有風。心情淡淡的，去走田埂。稻子都收割了，田剛整過，漫水，準備下次的播種。

才走一圈，雨來了！來得還真不客氣，雖不大，仗著風亂灑一通。我掂掇雨的大小，抬頭看天，雲也不厚，覺得還可再撐一陣，沒歇著，繼續走。離家還有三分之一路，狡黠的雨終於傾盆而下，沒迎大雨的準備，衣服淌著雨水，心情也糊了。到家後，閃進廚房找湯喝。豆把啃了一半的玉米塞給我，不著任何雨具，跑去屋外玩水了。豆不知那裡找來一支掃把，跨開雙腳奮力的掃著曬穀場上的水漥。每掃一次，水花就順著掃把尾划出去，拉出一條漂亮的弧線。越划越激動，水花越來越多，我看他把掃把當狼毫，就天雨為墨，畫東畫西，漫天雨幕中，穿插著豆的水舞。

掃不過癮，索性將掃把高舉，使勁的往下砍，看他埋頭苦戰，還不時撥開翳入眉眼的雨水。突然抬頭，搜尋著我：「奧利微，我有厲害嘛？」

我為豆鼓掌，回他一個笑，心中是感動！此時不給他玩，三、五年後，曬穀場或許還在，但豆還有那個舞雨的心情嗎？此刻，迷濛的水陣中，有一零雨的精靈，彷彿天地只剩這精靈……。

豆玩到打哆嗦，我呼他過來，餵豆兩口加薑的蛤蜊湯，想到豆感冒剛好，才止住了咳。不忍？沒有。看豆盡興，也著實「盡性」，感冒隨時可好，此性隨時可盡？豆，加油！娘給你放熱水去！

吃 火鍋

帶了豆，與豆爹一起去吃小火鍋。豆白天玩瘋了，一上車就累癱睡著了。到了火鍋店，捨不得吵醒他，車停在火鍋店門口視線可及的地方，鎖好，車窗留個縫隙，我們也就近坐在門口位置，把豆留在車上繼續睡。

吃不到三分之一，豆醒來，我趕緊將他攬下車，但沒睡好，情緒失控，摟在懷裡一路嗚咽哀號。我一邊哄一邊吃，豆爹受不了豆的哭啼，幾度中斷進食，最後忍

不住，大吼幾聲，整盤的肉片未吃半口，棄我們母子而去，我則摟著越哭越淒厲的豆繼續奮鬥。這小子，一邊哭一邊淒訴，咿咿唔唔；我，迎著其他客人不太友善的眼光，以及老闆娘熱心的問候，優雅地涮著我的肉片；不時低頭用溫柔磁性的聲調恐嚇著豆：「既然疼你，你還哭，那麼我就死命的打，用力的打，打到流血，我痛快，反正你還是一樣的哭！」

不管用，豆照哭，但揚起頭來問我：「我……要怎樣……才能止住……不……哭……嗚嗚嗚！」我懶得答腔，順手又塞口香菇。

整個下午悠閒浪漫的心情到此結束，抱著一隻情緒失控的小豬吃飯，只有兩個字，痛苦！我想，我是該像豆爹一樣，放棄吃飯打道回府，還是犧牲豆的情緒，堅持終結我的食物？在思考的同時，我也沒停著，照吃。還是在豆淒厲的哭聲下Ｋ完了我的火鍋，唯有如此，回家我才不會把不平的情緒算在豆身上。同時，我也要豆了解，媽咪不會為了他而放棄某些東西，責任不要他扛，但豆有時必須委曲他自己來配合我，算是彼此吧。

吃完，豆爹在店外車上等我們，氣也消了，問豆要吃什麼？為豆買個肉鬆麵包回家。

游泳

早上難得阿評也要游泳，徵求她的同意，我們等豆醒來一起出發。我喜歡游泳，每天趁豆還在睡，阿評在家時，就去附近的泳池游兩千公尺。要不然，把豆載回大雅，再回安順東二街來游泳，如果要帶豆一起去，母子倆都無法玩得盡性，因為一個要游大池，一個要玩兒童池，誰都不讓誰。所以一想到有人可幫忙看著豆一起游泳，我就興奮，我就急，等不了豆睡飽，搖醒了他，草草換了泳裝就上路。

　　我先將豆留在岸邊請他看我游，豆也很乖，果真就待在岸邊等。但我放心不下，會急著搜尋那個帶紅帽的小點，以至換氣時無法靜心，游得頗喘的。阿評雖有兼顧著豆，我還是在三、五趟後才能放開的悠游。

　　簡單流暢游完兩千公尺，該我陪豆去他的兒童池。此次，豆爽快的下水，剛開始仍扶著岸邊走，小心翼翼。我佇在池中的牆邊不動，就靜靜的觀著，完全不再打擾他，就看他要如何處理這池水。

　　豆扶壁，半顆頭載浮載沈，認真的在水裡走著。漸漸體會出水的浮力，嘗出水可親的道理後，他開始或跑或跳或踩或踏，在水中試著控制身體的平衡。我知豆做到了，看他臉上得意的笑，我也笑，但仍不動聲色。豆走來告訴我，他就要出征，叫我在原地待著別亂跑，我仍只是笑，手勢一請，豆往遠方走去。那個遠方，是二十米泳池的對角線，各立著我們母子倆。此時如果豆一栽水，最快也得再嗆個六、七秒我才撈得到，這個危險，很嚇人，但我仍是用目光盯著，豆，你自求多福！

　　幸好，一切平安！豆在我視線內來來去去，一位體專的學生看到豆，獨自一個小人兒，游走在對他來講宛如大海的泳池，而且身邊完全沒有大人陪顧，臉上卻盡是玩水的欣悅，她讚嘆的去與豆搭訕。我知，她看到豆的自信，與自信後的喜悅酣暢，也看到孩子的娘放手的篤定！此時，我再看到，感人的東西四海皆準，不見得我是豆的娘才有這種感動，豆是天地的赤子，人會感動是因為本身原有的赤子之心發出了共鳴，那位體專同學被引發了。

　　這次，我丟棄了身為娘的焦慮急躁，放任豆去近水。曾有幾次豆膽怯下不了水，我恨他如此不成材，一點都不像我，當時我對豆冷冷嘲諷，非常鄙夷。今天下定決心放手，果真，用豆的方式，用豆的節奏，用豆四歲的心智能力，豆是可玩水的，我自己也上了一課，從豆身上。天地皆師，萬物皆師。

　　游到時間差不多，豆才依依不捨的上岸。換洗完畢，才發現我沒將豆的褲子帶

來！剛才急著游泳，豆是換了泳褲直接出門的。現在，只好著了上衣光著屁股回家。上衣也不夠長，遮掩不住，說他晃，還沒那氣勢，一丁點的小雞雞就晾著吧。

豆蹙著眉低頭猛趕路，不時用拳頭捶我：「我絕對不會原諒妳的！」走了三、五步，又吼：「這是什麼媽咪嘛！」

我也不敢出聲，只是輕聲的道歉。看著豆光溜的小屁股，只敢暗笑在心裡。快到家了，豆的氣還沒消：「都是妳的錯！」

我也差不多飽和了：「對不起，已經到家了，而且路上也沒人笑你，別再氣了OK？」謝天謝地終於到家了。

逛百貨公司

現在每個月固定回台北住個五、六天再下台中。一方面帶豆回去讓阿公阿媽疼，也讓豆與豆爹重溫一下父子情，同時把豆放給阿公阿媽（不吃母奶了，他們也願意接手）讓自己輕鬆一下。豆回到土城，眼睛只要盯著電視，張開口自然有食物送進來，像個土皇帝。讓豆放肆一下，我也不囉唆。只是比較台中的清淡生活與這裡豐富奢靡的日子，豆嘗出了甜頭，已開始懂得要享受了。嘿，沈迷下去是不行的，我仍是堅持要帶豆回台中。

因此現在要離開土城時，豆就會開始哭訴：「為什麼我不能留在台北過好日子？我為什麼不能就一直這麼好命？我不要住安順東二街和阿評在一起，嗚……嗚……」

　　雖然心疼，不得不心狠：「在台北，媽不好教你，而且要先過苦日子，你才會曉得好日子是什麼。一直住土城，你很難學到東西的。」車已經上了北二高。

　　「嗚……嗚……你講那些我聽不懂啦！嗚……嗚……嗚……那妳先帶我回大雅，我要去看我的番麥有沒有澆水。嗚……嗚……嗚……」

　　豆在車上哭到睡著，醒來又繼續哭，一直到大雅，搞定；中間我的情緒起伏，只差沒把豆丟在高速公路。車回到大雅，豆終於止住了哭，也恢復了正常。

　　在大雅，任豆自由去玩，我也放心的睡個好覺。睡到飽足，豆進來吵醒，問我去不去百貨公司？後話，先不提。當睡醒的那一剎那，整個人輕鬆幸福的感覺油然升起，那種喜樂的美好遍佈全身。我回到我的地方，一個可以釋放靈魂、放任靈魂奔騰瘋癲的地方。這裡有田野、有竹林、有稻香，樸實的瓦，乾淨的風，深深體認到我自己如果活不好，沒把自己調順妥當，怎會有愛人的能力？自己都立得很勉強時，能拋出什麼好東西？

　　再說百貨公司，大小共八名，弟、小妹、小媽，和小媽的妹妹、兒、女，串開來擺明是一團粽子，都是為父親節要給爸爸買禮物。豆有伴，玩瘋了，與伴相互追逐鬧著，追到渾然忘我撞來腳邊；原本已氣豆不顧混亂的人群，撞了好些個不相干的人，斥喝了幾次無效，這次不幸滾到我腳邊，氣不過，攬起屁股狠很的甩上一掌，才從台北下來就開打！豆愣了一下，稍微收斂了一點。

　　在小吃街吃了晚餐後，吵著買草莓冰淇淋，給。但知豆速度不快吃不來，想給紙杯裝，豆卻堅持要用餅乾甜筒，好，順你。果不然，才走三五步，冰淇淋糊了滿嘴來不及舔，溶汁已開始往下滴。豆瞅著眼向我求救，回他一個堅定冰冷的

眼光：「自己來！」

　　姨婆好心遞給豆一包面紙，三張，不太濟事。豆繼續與他的冰淇淋奮鬥著。我壞，再砍：「下次要不要用杯子裝？」

　　豆勇敢：「要甜筒！」

　　好，妮昂之子！看你能撐到幾時。溶汁剛好滴在左腳的三擋（豆的用語，意指第三腳趾），豆又抬頭發出哀憐的眼光，一樣，得不到救援，旁人也不敢插手。豆蠕了蠕腳趾頭，冰冷黏滑不適，索性用右腳去撫踏，此刻光注意自己的腳趾頭，所以是俯身低頭斜著手，冰淇淋又快倒下來了。

　　「看！看你的手，看你手上的冰淇淋！」吼他，還是絕情的聲調。

　　終於，豆把注意力轉回到冰淇淋加快了速度，完整的把剩餘的冰淇淋塞進肚子，得意的看著我：「媽咪，我可以再吃一個嗎？」

　　竟然向我下戰書！聽了我臉上一陣抽搐：「哼，再說！」

　　買好了禮物，一夥人坐下來喝咖啡。咖啡還沒來，大夥聊著。豆等不及，不曉得他在躁什麼？已來回跺了幾趟，嘴裡叨著：「我生氣！我生氣了！」沒人理他。突然捱到我身邊，用力的捶了我！新愁舊恨還是月事不順，我牽起豆的手，一陣猛打！打得自己指頭都痛！大吼：「你氣什麼？你憑什麼生氣！」

　　豆沒哭，紅著眼忍住！定定的眰著我，小心的讀著我。大夥不敢呼吸，我再氣，氣擾亂了大家的情緒，污染了公共愉快的氣氛。

　　手機響起！深呼吸，清淨自己的烏煙瘴氣。電話那頭，是友人得意的訴說著兒子……相當的了不起，多想分享友人愉悅的心情，卻在這種難堪的情境下……，剛揍了豆，五、六雙眼還盯著我如何收拾殘局。全撞在一起，考驗自己情緒的轉換，天啊！

　　逛好要回家，豆學哥哥（如嚴格照輩分，豆是要喊舅舅的，雖然對方只比豆大

四、五歲）靠在手扶梯旁玩輸送帶，看了差點沒暈倒，吼到跟前一陣痛批：「你膽敢再碰輸送帶一次，包準揍得你疼掉了命！可絞成肉醬你可知？」

豆不服：「哥哥也玩……」

「閉嘴！你錯，就說你，別人不是我兒，管不著，你錯你就得服，不干別人，知嘸？知嘸！」幾乎吼遍整層樓。

在停車場拿了車，上來預備接大夥；豆見著我的車，衝過路面奔來，一台摩托車機警的躲了他！小媽一聲尖叫，跟了上來！迅速塞進了嘉年華，大夥又不敢吭聲。我，轟隆的低氣壓卯起來又是一陣狂風暴雨，是要掃豆，大夥同在車上也被迫一起聽訓。豆還不時想岔開話題，那由他！就是砍！狠狠的砍！

回到安順東二街已超過十一點，安頓好豆，看著他熟睡以後，一天混亂的心情總算平和了下來。

選 電視還是要媽咪？

豆喜歡看電視，迷到飯也不吃、澡也不洗，要豆去做什麼事，他總是回答：「等一下！」

終於有一天我受不了了，跟豆下最後的通諜：「好，你可以看電視，媽咪要走了！」這是我一貫的伎倆，不只是伎倆，我懶得與人一句來一句往的在那兒僵持兩個不同的意見，我喜歡明快乾脆的作風。豆，如果選擇電視，那我就尊重他，讓豆看個夠。我放下豆準備開門出去，心中是沒情緒的，下樓走走也好。

豆見我要走，早一把抱上來，哭死了：「是按怎發生這種代誌？為什麼要按呢做？嗚……媽咪，妳麥走啦！嗚……嗚……」緊緊摟著我的大腿。

「好！那你告訴我，你要電視還是要媽咪？哪一個重要？」二選一，選一個起

來扛！

「媽咪，妳和電視是不一樣的東西，不能比的！」豆哭得咿咿嗚嗚的回答，頭腦卻是清楚的。

唉！我是白痴！還降格來比一個電視？豆，你又讓媽咪上了一課。好，各讓一步，電視讓你看，該做的事也該先完成！豆乖，或是被我恐嚇的？真的先吃好飯，洗好澡，遵守承諾，雖然作得勉勉強強，總是給我一個交代，皆大歡喜！

我 真是幸福啊！

「媽咪，妳是紀念堂阿媽生的，伊是妳的媽媽，那妳叫大雅的阿媽叫什麼？」有一天豆突然蹦出這個問題。

「我叫大雅阿媽叫媽媽，你有聽到我喊別的嗎？」緊要關頭得鎮靜好好處理。

「對啊！妳也叫她媽媽！可是，她是阿柔的媽媽啊！」豆的頭腦是很清楚的。

「外公是不是有兩個某？一個是妳的媽媽，一個是阿柔的媽媽？」豆很好奇。

「是的，外公有兩個某，我媽是以前的某，大雅阿媽是現在的某，你懂了嗎？」不猶豫不閃爍，大人的世界雖然殘酷現實，但總要接受到不讓自己受傷，尤其沒必要一直將悲情延續下去。

「耶！我有一、二，兩個阿

公，但是有三個阿媽呢！我真是幸福啊！」豆竟然發出歡呼聲，我連想都沒想到！

「真的耶！我也真是幸福，我有兩個爸爸，三個媽媽呢！我們倆真的是好幸福！」我也跟著豆一起歡呼！

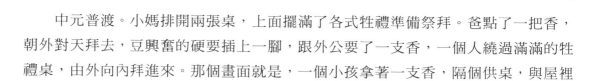
七月半

中元普渡。小媽排開兩張桌，上面擺滿了各式牲禮準備祭拜。爸點了一把香，朝外對天拜去，豆興奮的硬要插上一腳，跟外公要了一支香，一個人繞過滿滿的牲禮桌，由外向內拜進來。那個畫面就是，一個小孩拿著一支香，隔個供桌，與屋裡的阿公兩個遙遙互拜！豆啊，看得我差點軟腳，拜錯了啦！

祖母過世後，在廳堂擺了一張靈桌，上面立著祖母的遺照，平日拜三餐，初一、十五或是祭日節慶時，拜得豐盛一點，不管如何，桌上一定備有一杯水。有一次豆玩渴了，拿起桌上的水杯就想喝，我連忙喝止：「那是阿太要喝的！」

豆被我吼得一楞一楞的，瞧著相片裡的阿太：「阿太要怎樣喝水？她要用嘴巴喝嗎？」

完了，上次問阿太死了跑到那裡去，我說天說地說得自己頭昏腦漲，最後還是爸用宗教的說法，講了一大堆宗教的術語才讓豆閉嘴。現在又問我，相片中的人怎麼喝水？我盯著豆，咿咿嗯嗯。

「不要用嗯的，說是或不是，阿太是不是用嘴巴喝。」不死心的豆。那口氣完全是我平日盯他的版本，只要逮到機會，豆就會用來還我。

「是，阿太用嘴巴喝！」阿媽，妳可要保佑我。

「阿太會從相片裡把脖子伸出來喝水嗎？」超級豆的超級想像力。啊，救人哦！七月半呢，豆，你別嚇我了！

「來，媽泡杯蜜茶給你喝，又香又甜的嘞！」轉移陣地，無力招架。
「耶！媽咪，我要大杯一點的哦！」小孩就是小孩，拐一拐就好了。
「一定，最甜最大杯的！」謝天！

清境農場
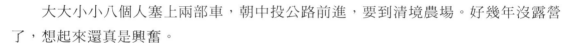

　　大大小小八個人塞上兩部車，朝中投公路前進，要到清境農場。好幾年沒露營了，想起來還真是興奮。

　　車快進入埔里，兩滴雨打上了擋風玻璃，還沒驚呼完畢，車已衝進了雨陣中。越下越大，漫天的雨水像海嘯般迎面掩來。雨水多到茫花了擋風玻璃，那兩支雨刷像要不動的大旗，好似電力快用完了，遲緩的掙扎著，拼命揮舞也拂不完意猶未盡的豪雨。那有視線可言，前途一片晦暗，連路面都快看不見了。哇！這種雨勢！

　　「下這樣的雨，怎麼露營？」開車的阿評，口氣是不屑，輕蔑，沒有露營的期待與熱情。我坐在旁邊不想開口，營地也還沒到，不到最後關頭開始打退堂鼓，這不是我的作風。但阿評氣勢強悍，而且口齒犀利，在語言上跟她鏖戰是不智的。我依然不動聲色，抱著雙臂悠哉的坐在一旁，瞧這恃無忌憚的雨勢。

　　到了清境農場幼獅露營區，雨勢漸小，老哥和阿評下車去探勘營地。豆待在車上有點不耐煩，吵著要下車溜躂。在熱情如火的平地，母子倆怕熱，衣服都穿的很輕便，隨便短褲背心就殺到高山來。豆穿的是拖鞋，我腳上還好穿了一雙旅狐休閒鞋，售貨小姐說，此鞋抓地力好，走在雪地防滑防濕又保暖。此刻看山上氣溫不太友善，先下車測測溫度。一下車，雖然只剩斜風細雨，滴滴卻像冰針一樣，直往身上扎來，裸露的臂膀、光溜的大腿，每寸肌膚都被扎得又凍又痛！God！冷得差點尿失禁，倒抽一口冷空氣後，急速的縮回車上，咯咯咯，抖著顫動的雙膊對豆說：

94

「太冷了！不行，你不行出去！」語氣有點威有點勸。

「可是妳不是說我是可以玩雨的？」機伶的豆反彈回來了。

我愣了愣，該死的精靈！猶豫三秒鐘：「好吧！你去吧！」自己多保重！為娘的也只能做到這裡。

豆趿好拖鞋推開車門，「涮」一聲，一腳就踩進了水灘，從照後鏡看他，也是冷得哆嗦。以為豆會回車上來，但是，跑前跑後衝鋒陷陣，樂不可支。閃個身，拉開褲襠解放童子尿，解好，跑到另一車邀他的表哥出來，兄弟倆一起瘋癲在雨中，我看得沒有任何心情，你們神勇，你們玩吧！

老哥他們忙著搭帳棚，我則著手起火準備晚餐。選這工作是有目的的，可以藉著火溫暖一下凍僵的身軀。等到升好了火，才知道我們晚餐的材料有五星級的水準。小羊排、牛小排、魷魚、豬排、雞腿和高級紅酒，玉米、青椒、香菇算是基本配備，最震撼的是，紅酒還可加冰塊！真佩服採辦的人，天才！而且花樣多，份量少，每人每樣分配個一、兩口，吃得盡興又飽足，太幸福了！

在這幽靜的山區，人又少，但我們卻可以製造出可怕的噪音，因為我們有一個呱噪的豆。這小子從頭到尾話不停：「為什麼我要配麵才可以吃熱狗？為什麼小孩不可喝紅酒？……我的鞋弄濕了，乾媽，為什麼我要小聲？哥哥不要捉我……你們笑什麼？對，陳佑瑩妳說得對，根本沒什麼好笑的！……我的腳又弄髒了，媽咪……」

「天啊！什麼人可以叫他閉嘴！」阿評受不了，揚揚手中的烤肉夾。我把豆抱上洗水槽，把豆的腳沖乾淨，拎到椅子上嚴厲斥喝他不准再下來。豆讀讀我臉的顏

色，看我的話有幾分的真實性，大概讀到我認真的表情，抿抿嘴咕嚕咕嚕：「唉，真倒霉！」還好我背對著他，不然一口紅酒差點要從鼻子嗆出來。

* * *

第二天我們走往合歡山，路兩旁是一片綿密的箭竹，漫延天邊的矮竹叢把視野都填滿了，雲霧般的山嵐，從深不見底的山凹貼著山壁躡上來，貼到公路欄杆頓失依靠，魂飛魄散鬼舞般化開了去，尾隨車過的氣流，神魂顛倒一陣亂飛。遇著露臉的陽光，更是手忙腳亂，不知往那裡竄好。

到達最高點武嶺，車剛停好，一隻鮮紅色的酒紅朱雀就在跟前躍起，凌空低飛齊眉劃過，合歡山上最涮眼的驚艷。在這最高的頂點，竟然有賣香腸的小販。怕豆餓著，替他買香腸。接過手，香腸歐吉桑奉上：「一路順風！」這又一驚。三十多年來首度上合歡山，不知幾年後，才會再上來，就這麼以年為數的時光，一位賣香腸的小販可以誠然的送上：「一路順風！」在這冰寒的高山，真是溫暖！

速食店

與豆游完泳後，豆喊餓，指定要吃薯條，我也很樂意帶他到肯德基殺時間。三兩口解決了炸雞、薯條，豆一頭鑽去了遊戲室，馬上與其他小朋友混開了。

先前有人問給不給豆上幼稚園，過一下團體生活？此刻，看到豆的交際能力，獨立自主不認生，團體生活的重點，無非是自律、尊重！豆既然走得進人群，就不

擔心他會退縮。現在要緊的是，豆能否自律，不過分侵略他人的領域？此刻再檢視自己對豆的教導，細節綿密、要求嚴苛，絕對重過一般小孩。如此，這麼收拾妥當的小子放出去，應不用太操心在行為上會惹出什麼名堂，若有的話，也該是在觀念思想上的勁量，這個則需好好溝通，仔細去聽，才好裁奪。

正自傲的神遊著，豆立刻找了一位大朋友打殺去了，現世報啊！大朋友身材力道都強過豆，我盯著，不打算喝止，因豆的力道傷不了人。大朋友也不客氣，面對一直欺近身的豆，他也揮舞手腳踹了回去。只見豆被踹得踉蹌幾步，凌空騰起後挫跌落地！心裡替豆暗叫，知道那幾腳踹得很結實。才剛不捨，豆抱著肚子翻身躍起，又再欺近假想敵。大朋友仍是不含糊，靈活敏捷又是連續幾拳，豆哪是對手，幾番連滾帶爬就是不死心。好吧，終於被治了，吃到苦頭了吧！我一直不插手，是知小孩身軟，這般的嘶殺應堪得起，就算堪不起也刻意要豆得個教訓，所以不出面制止！倒是大朋友的爺爺看不下去了，進來喝退，大朋友也聽話，果真收手，了不起啊爺爺！任豆再如何挑釁，大朋友儘管避開，不再跟豆鬧了。

豆失了假想敵，立刻尋找下一個對手。看豆專挑大的打去，比他小的豆都仔細的讓開。嗯，還有一點良心，還有救，就由他了！今個心情好，看為娘的能不能撐住，讓你瘋一天，都不出手K你！我先作禱告好了！阿彌陀佛！

大 自然材料

大雅田埂水溝邊有一棵芭樂，果實累累。有熟透墜地的，有樹上被鳥啄食一半的。看到樹稍掛有一兩粒熟透將黃，忍不住，扯幹攀枝使力摘拔。樹雖不高，人也一樣；兩造就這麼較勁的角抗著。怕拗斷了嫩枝，更怕被主幹彈落進溝，我就這麼踮腳探身在那勾著，那姿勢宛若搭上弓的箭，一閃神就要彈飛出去！經過一陣肉搏

撕扭，拗了幾粒乒乓大小的芭樂，高興！懷裡就拽著四、五粒芭樂愉快的走回家！到家告知豆，也帶豆來看看芭樂樹。豆氣我沒帶他來採現場，嘟嚷兩句，懶得回他。

想起自己小時候的山居野放，林場溪邊的徘徊，長大後，仍舊強烈懷念著大自然與當時的自己。那種童年生活不是有人刻意營造，而是大人們無暇照顧時的勇敢冒險。但童年的這些戰山走水，卻豐富了我的生命，使我的生命帶有多采多姿的聲色。

感激我的童年不是枯燥蒼白，但現在的豆，如果我任他由電視保姆帶著，他就無法採擷經驗豐富他的生命，從電視根本找不到一丁點材料，可充當回憶或鋪排生命的內容。所以此時，我很刻意盡量讓豆接近大自然，那些田園山水、花草樹蟲才是最頂尖的老師。別的不說，到現在我都還靠著大自然在濡沫著飢渴的心靈，這才是最珍貴難得的。

鬥法

送豆爹到車站坐車北上。回程的人行道旁，從住家欄杆內攔出了夜來香，有花苞未開，聞到一點意思，告訴豆是夜來香。豆興奮採了葉子，我則折了花枝。豆問：「葉子可吃嗎？」我眉頭輕蹙，搖搖頭，回不。

「為什麼不可以吃？洗乾淨就好了啊！」豆好奇。

「你不是毛毛蟲，不是吃葉子的！」耐心還在。

「是不是有毒？為什麼不可以吃？」那隻"為什麼"妖怪來了。

「要吃你就拿去吃吧！吃看看會怎樣，反正已告訴你不可吃了！」勉強穩住風度，為什麼那麼固執講不聽呢？

「我才不要呢！」豆被我將到。越過斑馬線，又問：「為什麼會有斑馬線？」豆像在考我，記得已告訴過他了。

「你說呢？」我已沒啥好脾氣！那個為什麼問得粗暴無禮，聽了好刺耳。

「因為看到斑馬得到靈感，所以用來畫斑馬線。」豆流暢的答著。

「你都知道還要問我！」火大了！

「為什麼人過馬路要走斑馬線？」豆又問。

「車走直的，人要橫過就走斑馬線，人在斑馬線上車會讓人過，才不會被車壓扁！」深吸一口氣，扮聖人。

「為什麼車會讓人過，不會把人壓扁？」豆一樣的招數。

「你可以在斑馬線躺看看，會不會被壓扁？」心已駛橫！

「我才不要呢！」豆再被我將一次。

回車上，豆把葉子扯得稀爛，我要豆把葉子清乾淨。

「為什麼要撿乾淨？」豆不知是習慣性發問，還是不服！

「不要再問為什麼了！撿乾淨！為什麼要問為什麼？」我已捉狂！

「因為我不知道啊！」豆再辯。

「為什麼不知道？」我追！

「因為我是小孩啊！不曉得為什麼要把葉子撿乾淨。」還辯。

「為什麼小孩就不知道？」瞪了眼，裝滿怒氣、佈滿血絲。

「因為我還小，沒讀書啊！所以不知道。」豆快招不住了。

「為什麼沒讀書就不知道？」不放過！

「不要再問我了！」豆棄械。

「為什麼不要再問你了？」我砍！

「因為……我會傷心！」豆聲音越來越微弱。

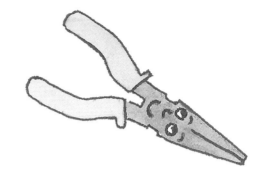

「為什麼會傷心？」絕不鬆手！我就是撿起來砸回去。

「…………」豆只剩嘆息，終於閉嘴。

哈，該我嘴角露出一抹邪惡又得意的笑！能安靜的開車，真是爽快！到家，停好車，馬路上我要豆讓我牽著，豆把小手交給我。

「為什麼要讓我牽手？」我是惡魔，揚起左臉頰一條輕蔑的肌肉。

「因為……」豆已故障，不再有任何台詞，終於洩盡最後一絲力氣，我是拖著一只漏氣的皮球上樓。

上樓，豆玩電玩，玩不過，要我幫忙；拒絕，自己來哦！

「你是壞人！你不乖！」所有累積的情緒一時爆開，一個小乩童已起鼓咒罵了，兩隻小腳不停的踩著。

「不會玩收起來吧！玩得那麼痛苦作啥？」好氣又好笑，我在一旁搧風涼！

「哼！我要去玩電腦遊戲！」豆想轉移目標。

「先玩好coco（英文光碟）才可玩遊戲！」我擺出為娘的架勢。

「為什麼要先玩coco？你都不尊重我！」豆近乎哭訴已失控要耍賴。

「再鬧就去站十個唐詩，連coco都不要玩了！」我也上火了！

豆歇斯底里靠著牆漸漸瀝嘩啦痛哭咒罵，中間嗚嗚咽咽夾著唐詩，聽得懂才有鬼！

「欲飲琵琶馬上催，再來呢？媽咪，再來怎麼唸？」哭鬧中都還要煩著我。

「自己想！」怎樣才能叫他不吵？

「我想不出來啦！嗚……嗚……」豆哭暈了。

「想不出來就站著別出來！」我努力要把自己穩住！豆卡了多久不知，我踩好了踏步機，正坐下來啃雞翅，豆躡到我跟前：「不然，妳還是用打的好了，我唸不出來！」已止住了哭，伸出小手，讓打。我愣了半晌。

「去拿不求人來！」先接再說，忍住笑。

「用手打，小力的就好！」死到臨頭，還在跟我講價！

「拿不求人來，我要大力的打！」打你？嘴上叨著，心裡卻笑開了。

回房混了半天，遞上來一根姆指粗的拖把柄！開玩笑，這棍一揍下去還要不要活？

「找不到不求人！只有這支！」豆表情認真嚴肅。噗！哈哈哈！我終於忍不住開懷暢笑！饒了他！

豆看我笑開了，也破涕為笑。混一混，又開口了：「媽咪，壞人是不可生小孩的！」

「什麼意思？」一聽我背脊發涼，笑聲凍在半空中，知豆是在責備我。

「自己都沒做好的壞人生小孩，會被割舌頭的。」豆找不到辭彙，湊著。意思是說，母親的情緒如沒收拾妥當，會傷害人使孩子痛苦，生個小孩是會一起連累、惡性循環的。

「我是壞人！我生下了你是我最大的錯！」我腦羞成怒，仍是砍回去，心好痛！

豆無話可說，我也按著，雙方停火。坐到床上找音樂的頻道，找不到，豆已睏在我腿上睡著了。半個小

時後豆醒來第一句話：「媽咪，妳不愛我！」豆沒睡好，延續情緒指控，我已沒啥力氣了。

「是啊！我是壞人，我不愛你！」接給你五雷轟頂。

豆不可置信的嚎啕大哭，找阿評去：「阿評，老姐不乖，伊講伊不愛我啦！」

阿評也同意豆的指控：「老姐真的不愛你！」完全不幫忙平衡。豆一聽更無法接受，崩潰得不知如何是好。

「我是壞人，我不愛你，這都是你說的，我也不介意，不跟你計較，反正是壞人，反正不愛你！」我狠！

「媽咪，對不起！我以後不再說這種話了！媽咪，真的對不起！我絕對不再對妳說這種話了！我是愛妳的，嗚……嗚……」痛哭求饒。

「會啊！你百事超人過不了關，你就罵我壞人！叫你站唐詩你就說我不愛你，你常說啊！」靜靜的割他，不冒火，不手軟，心有點死。

「不要啦！不要啦！嗚……嗚……媽咪，妳要原諒我啦！我愛妳！」哭死他，知豆扛不起了。我只是冷，冷冷的看著豆，如何才能要他閉嘴不再吵！看我只是盯著，不理他，連他腿摳得流血結道長痂我都擺著。

「誰人可以幫我？誰要幫我擦藥？」豆哀求。

「已結痂了，沒事的！」我講的是事實。優秀，在絕境還懂得惜生。豆得不到我的支援，深呼吸止住了哭，轉身抽張面紙自己開始擦拭傷口。

看到這裡，我知功課又告一個段落，豆啊！你真的是慢慢走！

心軟、心狠，又如何？強弱當下立判，沒被擊垮的會功力倍增。後遺症？就遺吧，我也是傷痕累累，豆刮的。相欠債，都不用討了。

102

生之問

超幸福媽媽守則十四

不過度呵護寵溺，讓孩子知道生活是要用討的，不能悠哉等著坐享其成，應該迎向人生的挑戰。

超幸福媽媽守則十五

不把驚嚇的情緒傳給孩子，誇大了孩子的疼痛或病情。孩子生病時，先看飲食、活動力正不正常；跌傷時，不急著尖叫，悠哉篤定，讓孩子覺得跌倒了沒什麼！

超幸福媽媽守則十六

孩子遇到太困難的挫折時，教他先靜下來，哭得腦部缺氧怎想得出法子？靜下來、心情放輕鬆了，才可以好好思考。

超幸福媽媽守則十七

孩子挑食或不肯吃新食物時，告訴孩子要先試了再決定喜歡或討厭。要給蝦子一個機會，也給自己一個機會！

接近中秋節，每天回大雅幫忙做月餅。豆跟著在現場忙進忙出，興奮得不得了。大人很喜歡豆在那兒湊熱鬧，偶爾也會丟個小麵糰讓豆自己揉搓蓋上戳記，只是豆玩得太認真、妨礙大人工作時，小媽會嚷嚷要在豆屁股上蓋上戳記烤成月餅，寄到台北請阿公吃。

豆嚇得半死：「用我的肉做的，阮阿公不敢吃啦！」趕快溜開去找小貓玩。

晚上回安順東二街，才一下車，就聞到烤肉的香味，豆被吸引得受不了，嚷著要吃烤肉。

「要吃烤肉，你得去向人家要。」勇敢去追求自己的烤肉。

「可是——人家會給我嗎？他們又不認識我！」豆有很大的猶豫。

「想吃就去試試看，不然我們就上樓了。」

　　　　　※　　　　　　　　※　　　　　　　　※

有一次在陽明山，一群文大的孩子趁著空堂到山上烤肉，那烤肉的香味傳來，豆餓得受不了，一直要我想辦法弄點肉來吃。我帶著豆捱近那群大孩子，要豆自己上前去乞討，豆卻不敢，母子倆就杵在人家面前「你去啦！」「你去啦！」一句來一句往的演雙簧，演到那群孩子看不下去主動問豆要不要吃。那一次，豆在那裡吃油了嘴，末了還問人家要了口香糖作完美的結尾。

這一次我倒不想重施故計，只是想讓豆去嘗嘗乞討的滋味。想要生存，有時就是必須拉下臉做一些屈降的事，然後欣喜的接受肯定，或是無情的拒絕。反正出擊了，就只有這兩種答案，不是成功就是失敗。但最起碼還是得出手才有百分之五十成功的機會，如果一開始就放棄了，那只有死心的接受最壞的結局。

　　而且周遭的人都對豆太呵護寵溺了，富裕的生活過慣了，尊貴得茶來伸手，飯來張口，我不想讓豆以為所有的人都必須如此服侍他。生活真的是要用討的，不是悠哉的等在那邊坐享其成，沒有挑戰的人生太沒滋味了。

　　「我要怎麼跟人家說？」豆好遲疑的問我。

　　「叔叔，您可以請我吃一些烤肉嗎？態度要誠懇有禮貌。」開始面授機宜。

　　「這樣說人家就會請我了嗎？」

　　「我不知道，你想吃就要去試試！」

　　「人家若不請我吃怎麼辦？」

　　「好，那我們不要問了，上樓回家！」最懶得與豆損這些我無法保證的答案，想知道結果一定要自己去試。豆又不甘心，拉著我的手，把我推向烤肉的人家。我轉個身，把豆頂向前：「想吃，自己去講！」

　　豆看看我，還是怯怯的。終於心一橫，離烤肉人家還有一段距離，勉強開口：「叔叔，您可以請我吃烤肉嗎？」聲音微弱得就快聽不見。

　　我要豆大聲點，那善良人家早已捧著一盤烤好的成品出來，問豆吃什麼？豆高興的拿了一支香腸，鼻子湊上前，用力的嗅著香腸的味道，幸福的帶上樓。一進門就大聲嚷嚷：「林宜香，我有一支香腸呢！不請妳吃！」

　　真受不了這個現實小氣的傢伙！

喜宴插曲

　　表哥的兒子結婚，喜宴到了尾聲，新郎的友人客串主持，跑上台點播曲子開始唱歌。歌聲普普一般，客人陸陸續續起身離場，手上掛著大包小包湯的乾的菜尾，沒啥人注意台上的歌者。主持唱完後，力邀另一位朋友上台，年輕的小伙子，頭髮挑染、參差金黃，伴唱帶播出的是「快樂的出航」，我甚愛的台語歌，滿心期待的想聽聽看。

　　才第一段，唱不到三句，竟飆高音飆到「畢岔」（分岔），眾人更不忍聽聞，加快步伐盡速離場！黃髮小伙子自己也唱不下去，羞得趕緊遁下台，留下主持者錯愕，還有悠悠長長的伴唱音樂。此時的我，捨不得後頭還有兩段多的「快樂的出航」，三兩箭步拖著豆越過層層離場的客人，豆一時還鑽不過人群，我甩開他的小手一個跨步躍上舞台，從主持人手中搶來麥克風，剛好趕上第二段，「親愛的朋友啊再會吧！爸爸啊，媽媽喲……」大半客人停下腳步，回頭注目台上唱歌的我。

　　搖首擺尾快樂的出航完畢，眾人投以熱烈的掌聲。下台來，阿姨牽豆遞還給我：「妳兒子說，媽咪為了唱歌都不要兒子了！」我聽了哈哈大笑，熱情的親豆一臉頰。吃完喜宴，趕往大雅續攤。從大雅烤完肉回家已近凌晨一點，剛下車，豆嚷著要小便，我指示路旁樹下要他去。

　　幽暗的夜色中，豆背對著我小便：「媽咪，妳要等我喲！」語中透著緊張不安。

　　我隔著一個車身，眼光向前，也沒盯著豆：「媽咪一定等你，媽咪絕對不會跑。」豆忙，沒回答我，

我繼續出聲安撫著他：「還在，媽咪還在，媽咪沒跑，你慢慢來！」一直用
聲音伴著豆。

　　終於解完，豆蹭到我身邊，好像對我的體貼很感
動：「媽咪，我絕對會愛妳的！一定的！結婚
時，我會把我老婆介紹給你的！」

　　「感謝你，我也愛你！」拉晃著豆的小手。

　　「可是我結婚時你怎麼辦？」豆的腦袋
真是神奇，但我明白他的意思。

　　「你不用煩惱我，你盡去與你老婆過
著幸福快樂的日子，媽咪一個人會過得很
自由、很快樂！」心中自信篤定，沒有其
他。現在是這麼說，將來老到雞皮鶴髮，
孤獨一個時，不知會不會死扒著兒子不放？
哈！哈！哈！看你的造化了！

　　「你放心，我會幫妳介紹我爸爸給妳，妳可以
與他結婚！」豆在替我安排後路。

　　「我本來就是跟你爸結婚的。」快要被豆搞混了。

　　「將來我要娶一個很漂亮的老婆！」不曉得豆的腦袋又跑到哪裡，都快跟不上了。

　　「要臉長得漂亮，還是心地漂亮？」順著豆，想給他一點提示。

　　「臉長得漂亮啊！」豆天真的回答，知道他沒懂我的意。

　　「臉長得漂亮，可是會吵架會打人這樣好嗎？」

　　「我會叫她不准吵架不准打人！」豆回答的還是四歲的天真。

　　「跟她好好講，用商量的，慢慢溝通，像媽咪與你講話這樣，不要用命令、不

大聲叫好嗎？」我還是認真的。豆點點頭，我笑，不急的，豆是看花俏的婚禮看到昏了！

名字

自從我與他人談話中提及，平時喊兒子都以乳名「豆」來喚，只有情況嚴肅必須立即喝止時，才喚他正名。此後，每當叫喚正名時，豆都會抗議要我呼他：阿兒（台語）！剛開始我都還很老實輕聲的用阿兒更正過來！後來發現，喚了阿兒，豆也沒有阿兒的善意回應，我就更火大的呼豆正名，豆也抗議堅持要作阿兒！終於我忍不住對豆說：「你有名，就喊你正名。」

其實，喚豆正名時，自有一份對母子血水親緣的割捨。趁早獨立了豆的人格，趁早發展創造屬於他自己的生命空間，不要在阿兒的身分底下苟且耍賴。豆越早獨立，我就越早自由，而且自由得更徹底。那些婆婆媽媽的牽扯，就留給八點檔去發揮吧！林懇，娘可是給你一個好名呢，作啥阿兒！

但豆還是沒搞清楚，有一天對著宜香說：「我們倆個真是倒楣，大家都姓陳，老姐姓陳、阿評姓陳、阿舅也姓陳，陳庚均、陳佑螢都姓陳，只有我們兩個姓林，唉！真是的！」宜香本來並不覺得什麼，被豆一說，也順著豆：「是哦！那按呢？」豆啊！你要姓陳就更優秀了！就叫陳懇！嗯，下次我再跟豆爹商量看看。

誤讀

與豆爹帶著豆一起吃晚餐。豆才扒了兩口白飯，瞥見店裡冰櫃中有葡萄汁，就吵著要配。不給，連吵了兩三次，哄不聽，豆爹火上了，斥喝豆：「吃完你的飯再

買！再吵，都不要吃了，回家！」嚴辭厲色，態度權威強硬。豆閉了嘴，瞪大眼看我，要我幫忙定奪。

　　我雖也氣豆的煩吵，但聽豆爹如此大力的責備，心中著實不忍，輕輕拍拍豆的背：「乖，媽愛你，作正經吃飯吧！」為豆倒了白開水，一如家中平時的習慣。豆果真靜下來安心吃飯。吃一吃不時抬頭，滿臉飯粒，報告吃飯的進度，向我們邀功。聽聽，不甚在意，不再吵就好了。

　　豆努力把白飯扒了三分之一，撐漲了小小的雙頰，吃到快噎住了，我有點擔心：「豆，媽告訴你，吃東西要很輕鬆，很愉快，不要吃得很勉強、很痛苦，知道嗎？」

　　「我……吃得……很……輕……鬆啊！」豆滿嘴食物，答得疙疙瘩瘩。繼續把飯扒進已無空隙的小嘴。我有點不解了，豆已吃不下了：「豆，吃不下就跟爸爸說，謝謝，我吃不下了！不要吃得那麼痛苦！」我是允許小孩留下食物的，當他已經飽足時，不勉強一定要把碗中的最後一口食物吃精光，這是我與豆之間的默契協定，豆自己也很明白，勇敢的把自己表達清楚，我會給予最高的尊重。

　　「我……還吃得……下啊！」豆一反常態，死命的扒著那碗他無力完成的白飯。我不忍了，想幫豆分吃一點飯。

「媽……不要！我還……吃得下！」豆硬是攔阻了我去分食他的白飯，我心疼：「為什麼，你已吃不下了啊？」我不解，豆又差點嘔出來。

「爸爸……說我……要把食……物吃乾……淨！」豆已口齒不清。

我有點情緒，但放輕了口氣，轉身告訴豆爹：「你不要對他那麼嚴厲，豆很在意你，你這樣要求他，即使超過他能力範圍，他也會拼命去做，想得到你的肯定！下次對他說話要軟一點，溫和一點，不要逼死他了！」

「他是為了果汁在拼命，才不是在意我的話呢！」豆爹反駁我。

「豆才不是為果汁在拼命，當他吃不下時，他會說的，這一直是我們母子倆的遊戲規則，他是要吃給你看的。」我也不服，豆已配了開水，根本不需要再喝果汁的，我是他的娘，帶他這麼久，我知我的兒是不會為五斗米折腰的。

吞吞嚥嚥，也掉了滿桌飯粒，豆終於解決那一碗白飯：「爸！我把飯吃好了！」說完，揚揚手中的空碗，我也適時的讚賞鼓勵一下。

接著豆問：「可以買葡萄汁了嗎？」

「什麼？」腦袋突然轟的一聲，我不可置信的看了豆，再看看豆爹，驚訝得合不攏嘴。我帶的兒，自以為很了解的兒？

「不用看啦！去買吧！答應他的。」豆爹悠悠的答著。豆滿心歡喜得到了他的果汁，還有一個楞在一旁當機的娘。

跌落溝的小子

游好泳回到大雅，遠遠就看見豆立在路旁迎我。車尚未停妥，豆繞著車身跟上來：「媽咪，我又掉到田溝裡去了！」語中透露著興奮得意！我心中只是一震，又

落溝？不會吧！

車停好，下來檢視災情，一個小泥人！衣服短褲混有新舊的污痕，有污固底的，也有污沒洗的。其餘裸露的地方，皮膚的原色夾雜在灰撲的塵泥底下，斑斑駁駁。小臉蛋唯一不污的地方是那澈亮骨碌的眸子，還閃著欣喜的清澄。手腳，到處是污污土土，找不到一處光明。尤其是膝蓋、腳趾，各卡裹著灰黑的田泥。豆，你可玩得盡興了？

豆光榮的報告他的戰績：「媽咪，我走走走就掉到水溝裡去，我沒哭！我就像百事超人一樣給他爬起來，我有勇敢嘸？」配合著述說，還裝鼓氣的水蛙握緊拳頭，彎起胳臂要露出二頭肌。

「有受傷嗎？」問一點比較實際的。

豆愣了一下：「沒呀！」好像能勇敢的爬出水溝遠勝於是否有受傷。嗯，好，心裡又給他記一支嘉獎。豆回答完畢，旋即一個飛奔要撲擁上來：「媽咪，我愛妳！」

愛我？等……等一下再來吧！我剛游好泳，洗了一身素淨。伸手一攔，抵住豆的頭，卡阻他繼續靠過來。這一出掌才發現，豆滿頭汗溼，攔到一手的汗漬。喔！心中不由得冒起泡來，任誰看到眼前這個髒泥人，心裡都會有個疑問，這孩子到底還有沒有娘？

拎回家，只能用拎的，還得遠遠的拎。掩鼻倒不必，那田溝的味道還不至於熏死人，只是怕碰髒了自己。進門，把豆趕進浴室，抹了三、四趟肥皂，身體的污漬依然在。不會吧？豆，你是掉到強力污水池嗎？果真是洗不淨？

不信邪，找了一把不用的小牙刷，刷看看。一下手沒意會豆還是個有感覺的血肉之軀，只顧盯著頑強的污垢，像刷鍋一樣猛力的刷。豆第一次被刷，覺得好玩或什麼，也不疼，只是癢得咯吱咯吱笑。刷越用力，豆笑得越起勁，笑到滾倒在地，

以為我在與他玩哩！這隻滿身泡沫光溜的小豬！

　　最後，清水一沖，終於還我一個乾淨的兒。謝天謝地！不然，我已開始打量牆角的那瓶衛浴清潔劑，看有沒有天然配方，比較不傷肌膚……

我的豆不見了！

　　開車回大雅，曬穀場邊爸正在荷鋤整地。一下車，爸問：「回來路上有看到豆嗎？」

　　「沒呀！啥事？」我順手關上車門。

　　「豆剛與我在這兒嘀嘀咕咕，說他肚子餓，我要他去找阿媽，一轉身，跑出去了，就在妳回來前五分鐘，路上沒看到嗎？」爸一隻手佇候在鋤頭上。

　　「一定在阿叔家！我去找！」察不出有什麼異常，豆常常會到阿叔家串門子。到了阿叔家，真好，一家老小都在：「阿叔，我家豆有來嗎？」我的口氣輕鬆愉快！一家人面面相覷，互看了一陣，阿嬸代表回答：「沒呀！整個下午都沒看到人！」

　　我愣了一下，讀不出這一家人有任何戲謔的表情，緊張的吞了一下口水，如果，豆不在這裡，這　家老小又全都在，豆會跟誰去那裡呢？再回家，工廠、房間，所有角落又仔細找一遍！不在家！我往較遠的嬸婆家找去，豆偶爾也會去嬸婆家玩。也沒有！我慌了！

　　爸、小媽、阿叔全家，機車、腳踏車，能出動的全出動了！連嬸婆家也整個動員起來，開始找豆！

　　「是不是說話很卜吉（爆笑）的那個囡仔？」其中一個鄰居問，他也在幫忙

找。我已沒心情答腔。在這個半封閉的村落，一個四歲小孩能去的地方有限，如果豆還在村落，不至於找不到，最怕他往外走去了。

　　我往大馬路上的釣蝦場找去，裡頭隱約有兩個小孩身影坐在電玩前，心喜，走去仔細一瞧，不是我的豆。孩子，你到底在那裡？媽咪真的要失去你了嗎？你會跑到那裡去？你一向聽媽的話，不會自己一個人走往黃昏市場，難道你沒聽話，一個人跑去黃昏市場？我加快腳步，再轉往黃昏市場，遇到阿叔和小媽一干人正從黃昏市場回來，從表情就知，他們也沒找到豆。我的心情正失速的往下陷。孩子，我們母子一場的緣分就要盡了嗎？

　　日頭即將下山，天色就快暗了！趕快再往田埂走去，仔細搜尋田溝裡的任何一個可能的身影。老天！考驗終於來了嗎？我演練已久的捨放，如今真要驗收了嗎？我內心已忍不住開始啜泣，我認輸了！我過不了關了，不要再考我，天啊！豆，你在那裡啊？你舉目無親，今晚你要在一個陌生的地方過夜……孩子，你怕不怕啊？媽曾告訴過你，臨死前要歡喜要微笑，不要慌，你可認真學了，可做得到？我就要失去我的兒了嗎？沒有娘，你可怎麼辦？你會哭慌了嗎？天！孩子，你在哪裡？空曠的田野上除了風，空無一物，我已撐不住自己，雙腿軟癱到幾乎挪不出去！

　　絕望的回頭，一個嬌小熟悉的身影從田埂遠遠另一端走來，淚眼矇矓中也看得出那是我的豆！豆呀！加快腳步走近緊緊一抱：「豆啊！你是去那裡？媽咪找你找得好辛苦啊！」蹲下來親摟孩子，我放聲嚎啕！下陷的心情一下子全蹦開來。

「我跟哥哥去他們的學校啊！」豆天真的答著，理直氣壯。

「什麼哥哥？怎麼沒跟家裡說你要去那裡？可知媽咪在找你？媽咪擔心死了，知嘸？」不會形容的心情，失而復得，我的兒已摟在我懷裡，繼續痛哭！

「媽咪，妳哭啥？妳去學校就可以找到我了呀！」豆也不停撫摸著我的頭。

「有誰曉得你在學校？你去學校做什麼？媽以為你走丟了！」最近的學校也要走個一、二十分鐘，還要穿過稻田、繞過黃昏市場、越過大馬路，你都是娘帶的，根本沒上學，去什麼學校？況且，你又有什麼哥哥？清醒的人與這種自成邏輯的小人講話真的是會得內傷！

「我跟哥哥去學校打狗啊！」豆氣定神閒，比手畫腳。

「打……狗……？」為娘找你找到差點瘋掉，難過到幾乎要跳圳溝，你卻跟陌生的哥哥跑去學校打狗？難道……難道就沒有一個比較冠冕堂皇的理由？打狗？算了，先拎回家報平安再說，整村落的人都還在著急呢！

豆已找到了，仍有部分人還在外面忙著，真是，又感激又抱歉！被眾人圍繞著，豆又繼續述說著他的冒險故事：「我一直追狗，狗就一直跑，打不到，哥哥拿著棍子，哥哥有打到，我用手，都打不到，我走走走，過馬路還被警察罵呢！」語中有不平。

「罵什麼？」

「恁倆個，走路不看車哦！」豆學警察怒斥的模樣。想像得到那嬌小個兒如何莽撞在車陣中。

「我真勇敢，我就趕快跑，我都沒哭！我知道回來的路，看吧！我很厲害吧！」

揚著下巴，歙著鼻孔。

突然，冒出兩個陌生的小孩，豆興奮的打著招呼：「看！那就是我說的哥哥！」順著豆的手勢瞧去，兩個小娃兒，同豆一般年紀。問個仔細，一個小班，一個中班，豆，這就是你所謂的哥哥？罷也！

起伏的心情還劇烈的盪著，趁著夕陽的一點餘光，我再去走一趟田埂，留豆繼續在人堆裡膨風。唉！我的兒呀！

在豆血便時，我已將與豆的生離死別作一個準備與整理。傷心是當然、應然，做過功課，應是不難面對。這次豆的暫時走丟，我卻驚嚇到差點癱瘓，已做過功課，卻還是如此的難堪。此刻分析起來，我可以接受明確的答案，生死一別，了不起三、兩天哭哭就罷。但是，如果豆是走丟或被人帶走，那想像的空間太長、太大、太可怕……是那種無法掌握的無明擊潰了我。還是一門功課，再修了。

撞 不痛

晚上11點半，豆已經在床上賴過一陣子了，還是起來喊肚子餓！我懶，幾乎不想理他：「有麵包和史奴比奶（奶瓶上有史奴比圖樣，故稱），要吃哪一種？」

「義大利麵或玉米濃湯。」豆在點餐。義大利麵要花時間煮，玉米濃湯才泡完。

「要麵包或是喝牛奶？」我再強調一次。豆無奈，選麵包。

麵包從冰箱拿出來，豆嫌冰，我拿到烤箱熱一熱。豆又喊沒熱湯配，我沖了一杯海帶芽湯，終於將豆制伏。

備好，放在小茶几上要豆自個兒吃。一不小心，豆從小椅子上摔下來，下巴撞上桌角，紮紮實實「咚」的一聲！彷彿撞破了任何一方，聽了心都涼了半截！我嚇得睜大眼睛，摀住嘴沒出聲。

115

半晌，豆說：「媽咪，妳沒說：Baby are you OK ？」一邊說一邊撫摸自己的下巴爬起來。

「Baby……are you……O……K？」我說的乾乾癟癟，吞不到口水好潤喉。豆，怎麼你思考和反應的方向都跟人家顛倒呢？

「沒事！」豆頂著烏青的下巴，安靜的吃他的食物，優秀。

孩子生病或跌傷時，我通常會把第一個驚慌的反射動作按下來，深呼吸故作鎮定狀。發燒時，先看豆的飲食、活動力正不正常，最要緊的是有無在流汗調節體溫；撞傷時，不急著尖叫，悠哉篤定，讓孩子覺得，跌倒了，沒什麼！不想把驚嚇的情緒傳給孩子，誇大了孩子的疼痛或病情。

雖然，有時看到豆擦破的手肘，還滴滴答答滲著血，真的是心疼到眼淚將將要掉下來，但我仍是面無表情。豆會恐懼的說：「流血了！」

「是啊！沒事的。」連理都不太想理，因為流血的不是我，我是不會痛的！

即使豆生病，我也真的不太理。發燒燒得步伐踉蹌，但還認得我，會開口叫娘，我就不帶去看醫生，因為拿了藥豆也不吃。三天份的藥，完整吃下肚的加總起來不到兩包；而且藥灌不進去，卻會把吃下去的正餐給引吐出來。肚子疼，家裡一罐表飛鳴雖然吃到過期了，但還可以湊合著用（不曉得是過期還是藥效太溫和，最近幾次豆肚疼，吃表飛鳴已經不濟事，還好上次我沒吃完的行軍散還有一些，這個威力比較強，如果再不管用，誰家有征露丸，應先要個兩三粒回來備用）。

咳個半死，看醫生，也跟醫生說：「這孩子不打針、不吃藥。」

「那帶孩子來看什麼？」醫生不屑的斜睨我一眼。

「看個心安，有個交代！」最後總是拿一些像軟糖的安慰劑或魚肝糖球回家。看醫生還要花掛號費，拿了藥又不吃，反正自己會好，有什麼好看的，豆，把自己照顧好，最好都別生病，娘可是不理人的。

教 訓

　　要豆自己去洗澡，豆放好水，自己一個在浴室混著。我在客廳看新聞，聽豆又把水嘩啦嘩啦的放著流，流有一段時間，我忍著……忍著……終於忍不住，起身去瞧仔細，熱水放太多，燙得下不去。　幫豆把冷熱調好，回到我的新聞。

　　豆洗好，剛巧紀念堂阿媽打電話來，我去接；豆等不及，在浴室吆喝我，要我去幫他穿衣服。我持著話筒，用手勢請旁邊看電視的阿姨先拿浴巾去處理，豆不要，指名要我，渾著一身水，淌得浴室外一地濕。

　　阿姨搞不定，我掛了電話上前處理，問：「為什麼不讓阿姨幫忙？」

　　「我不要阿姨，我要妳來幫我！」豆粗氣的回我。不聽則已，一聽怒火中燒，怎會如此傲慢霸氣，有人要幫忙，竟然沒有謙虛感激，還要挑三撿四？我甩開大毛巾：「我不幫你穿，自己去處理！先把地上的水擦乾！」

　　豆看我氣上了，光著身子，用髒衣服跪在地上抹著，邊哀號：「我要怎樣才擦得乾？」小小身軀，跪爬在地上。

　　「你怎麼弄濕的，就怎麼弄乾它！」氣溫驟降，豆的鼻涕才逐漸由濃稠轉清，咳嗽仍然深緊，光著身。我窩回沙發，鐵了心腸。

　　擦好地，豆踩回房間找衣服穿，拉不開五斗櫃，拿不到衣服，在房裡痛哭！我安穩的窩在沙發，不理！阿評受不了，氣回她的房，把門甩上。

　　豆在房裡繼續哭喊：「誰人可以幫我？怎沒人要理我？」哭了好一陣，我仍是沒理他。

117

「宜香，我要穿衣服，妳來幫我啦！」豆哭慘了，開始對外求援。宜香聽了不忍，再次上前，我想阻止，因為豆的口氣還是沒對，身段沒放下來，仍是粗糙無禮。宜香正遲疑，阿評由她的房衝出：「不要幫他穿，他娘都不理了，我們理什麼？」把豆當成一個物，槓我。

豆聽到救援已經無望，差點崩潰，調整好情緒，光著身抽抽嗒嗒出來找我：「媽，我要穿衣服！」測試我的火氣有多旺。

「剛才阿姨要幫你穿，你為什麼不要？」雙手枕高，準備宰他。

「我沒看清楚。」開始閃爍，找藉口瞎掰。

「做錯事要怎樣？不要在那裡胡說！」瞄準開火。

「我……不知道妳在講電話。」咬咬裹在身上的大浴巾，還在扯。

「為什麼不懂感謝，還拒絕人家？你有本事拒絕，你就自己去處理。」兩個阿姨已繃到滿點，聽不下去了，出門離家。

「可是……我自己拿不到衣服，妳是我媽呀！」了不起，還會還手。

「我是你媽又怎樣？有本事拒絕人家就要把自己照顧好！我不是你的奴才！自己的事自己處理。」起身回房，從抽屜拿出豆的衣服。

「下次洗澡前先把自己的衣服備好！」坐在一旁看他穿。

「我沒注意要把衣服準備好，穿頭的洞是那一個？」豆舞弄著上衣找領口。

「自己找！」我翹著腿，好懶。豆終於穿好，去冰箱找食物。豆也知道現在要自力更生了，不敢麻煩我。

「媽咪，我要吃東西。」但卻找不到食物。

「用問的！」沒用對字眼，糾正豆。

「媽，我可以吃東西嗎？」口氣溫柔有禮。

「水餃要嗎？」也只有水餃。下十個，在一旁陪他吃。心情，像豆吃的水餃一樣，沒加任何調味料。

精 神勝利法

豆感冒了，在台北。

回台北，豆都與阿媽睡。今晚豆喉嚨痛，人很不舒服，與阿媽在樓下房間混了半天，咿咿呀呀，難過哀嚎。終於受不了了，上樓找我。一邊上樓仍一邊哭，豆爹聽了煩，吼豆幾聲。豆跑來電腦室躎到我身邊：「媽咪，嗚……我的喉嚨為什麼那麼痛？我討厭感冒，嗚……」

豆爹在另一房間吼過來：「叫你不要哭，越哭越痛！去喝一點溫開水，就不會痛了！只會哭！」

我把豆摟著，輕拍著他。心裡也是被豆哭煩了，但豆爹已吼他了，我也不忍。況且豆也知豆爹在火，曉得要壓低聲，我心疼豆知道要讀人臉色。

豆仍痛苦的嗚咽泣著：「媽咪，我不要喉嚨痛，我的喉嚨裡有蜘蛛絲，我要怎樣才能不痛？」

病在兒身，煩在娘心，情急之下，對豆說：「來，跟媽咪說：我是個快樂的孩子！我的喉嚨一點都不痛！」死馬當活馬醫。

「這樣說，喉嚨就不痛了嗎？痛會自己跑掉嗎？」豆的眼裡有天真無邪的認真神情。

「欸……」混著吧！轉移豆的注意力。

「我是……一個快樂的孩子……」豆表情哀戚，語調渾沈，一點都不快樂。

　　「要歡喜一點，要面帶微笑，用輕快的聲音說，我是個快樂的孩子，我的喉嚨一點——都不會痛！」我還特意拉高了尾音，老天保佑！

　　豆很認真的拉出了一個笑容，用輕快的童音說著：「我是一個快樂的孩子，我

的喉嚨一點都不會痛！」很虔誠的照著我的版本。我用滿心的笑容等著接他。

「媽咪，甘真的攏不痛了？喉嚨痛會自己跑出去嗎？」豆的情緒已穩靜，不再哭啼了。

「是的，喉嚨痛已跑出去了，不會痛了！你只要把嘴巴閉起來，喉嚨痛就不會再跑進來！如果你再哭，嘴巴又張開，喉嚨痛就會再跑回來！現在趕快去睡覺，明天起來就沒事了。」上帝原諒我鬼話連篇。

豆很慎重的閉起小嘴，與我約定什麼似的，用奇異的眼神跟我點點頭，一樣是躡手躡腳的下樓去了。咦？真的這麼有效嗎？老天……還開什麼醫院，都該關門了，咒語唸一唸疼痛馬上消失，來跟我學咒語吧！我是個快樂的媽咪！我是個快樂的媽咪！嗯……我真的是！

雲手

在安順東二街，阿評、宜香、王老師、雯琪、豆、還有我，一夥人，吃水果、泡茶喝。氣氛不錯，我放個笛子的音樂，《陽明春曉》。豆一看我去放音樂，堅持要聽他專屬的錄音帶，那是一捲以梵文誦經的帶子，小媽的媽（我稱阿媽）作功德贈我的，說是結緣品。有一次在車上放來聽，從此豆就愛上了。

在這個時候聽梵文經？阿評受不了，一口回絕了！我也覺得不太妥當。

豆已開始起乩要發作。有客人在，也不想把場面弄得太難堪：「好！我把《陽明春曉》聽完，再放你的誦經音樂。」怎辦呢？人來瘋。忐忑不安的聽完陽明春曉，硬著頭皮改放豆的梵文誦經。

悠揚肅穆的音樂響起，豆不再衝撞跳動，但是，他竟然興奮的手舞足蹈。只不過豆興奮的過頭了，這個舞蹈扭得像中風的機器人，全身屈縮抖轉。豆啊！你是按

怎?看他抽筋似的張牙舞爪,大夥忍不住笑出來了!又怕越笑會越助長豆的氣焰,只好壓住滿腹的笑意,但,這實在是太痛苦了!哈!哈!哈!

音樂不停,豆也不停,繼續在那結屈著。還是我忍不住,這種音樂不該曲扭成這種舞,但豆又不知該如何用他的肢體表達他心中興奮。要豆看過來:「來,看媽咪,媽咪教你怎麼做!」坐在位置上,我和緩的端起雲手。

「右上左下,有一粒球,圓圓的,從左邊移到右邊,慢慢的,換成左上右下,再從右邊移回左邊。」我比劃給豆看。豆果真伸出手,跟著我舞轉雙手,認真的注視著我的動作。

「空間大一點,你的球被你壓扁了……手軟一點,沒那麼嚴重,輕鬆一點,你的球太硬了……慢一點,對了!對了!很好,非常好,你做對了!」我一邊做給豆看,一邊指導著豆。豆的手拐上拐下,生疏的跟著,根本不是雲手,還差得遠,但豆的心是了。豆整個人從剛剛那個中風的草猴,到現在已經是一個寧靜的天使坐在位置上,專心的注視自己手中的那顆球。

比劃一陣,豆說:「媽咪,你的球是什麼顏色的?」豆還在努力的圓自己手中的球。

「什麼顏色?透明的,沒顏色。」明明沒東西,那來顏色?

「有啦!我的球是粉紅橘的,你的是什麼顏色?」豆不死心的追問。老天,好!

「媽咪的是白色的!」該我用想像力來看我白色的球。

「阿評,你的呢?藍色;宜香,黃色;王老師,黑色;雯琪,綠色;哈,真好!」每個人都配合著豆報出自己的顏色,每一個善良有童心的人。

一切恢復平靜,大家悠閒的吃著水果,喝著茶,在安祥寧和的梵文經中,有一個孩子還在比劃他粉橘色的球。

生 之問

　　帶豆到合歡山玩，夜宿溪頭。上次與老哥、阿評來露營，豆好喜歡那種野宿的生活，在裡面有一種人與人之間親密熱鬧的互動，原始、自然的，豆喜歡那種氣氛，只是這次純粹是看風景，沒紮營野炊。

　　溪頭的晚上，夜色很美，很清很淨。豆在白天玩多吃多了，嚷著要大便，唉，還要我站在門口陪。

　　看著豆坐在馬桶上，拉高上衣，使力得漲紅了臉。我立在浴室門口，抱著雙臂無聊的陪著。豆屎了一坨以後開口：「媽咪，妳為什麼要生我？」

　　無來由的蹦出來，我聽了肅然起敬，精神都來了。哈！等好久！傳（準備）好了等你，終於問對了標準問題！

　　「注意看著媽咪，你聽清楚了。」就怕你不問，豆四歲兩個多月。不用分齡，懶得保留簡化或包裝，當你是一個獨立的人格，明白妥當直接說給你聽。

　　「媽咪生你，是提供給你一個機會，經過媽咪的身體，帶你來這個世界，要你好好來嘗嘗作人的滋味。媽咪生你，你作媽咪的兒子，那是我們的緣分。媽咪要教你活得好，好好的愛自己，照顧好自己，讓自己過得很快樂，然後，再去愛別人、幫助別人！媽咪生你，是給你一個機會來體驗、感受這個美好的生命，明白嗎？」

　　「嗯！我知道了！」豆又低頭繼續拉一坨屎。咦？這麼厲害？隨便說說你就懂。換我懷疑了：「好，你說給媽咪聽！」

　　「媽咪生我，是要我自己照顧好，要歡喜要快樂，要去愛人、幫助人。」用手挖挖鼻孔。嚇……嚇……嚇……我吞了一口口水，真的是碰到妖怪了。

　　「媽咪，我真的知道妳在說什麼。可是，如果我從妳的屁股生出來的時候，妳

124

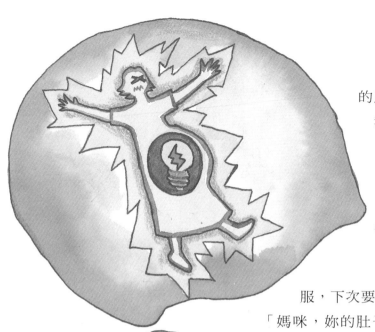

的屁股要怎麼坐椅子？我便好了，幫
我擦屁股。」我要怎麼坐椅子？我
的腦筋開始打結。

「好，把自己作好，活得
快樂一點就好！」我的
腦部缺氧，過去幫豆處
理好。我已讓他自己放
水、洗澡、洗頭、穿衣
服，下次要讓他自己擦屁股了。

「媽咪，妳的肚子裡暗暗的，裡面有沒有妖怪？」
豆很慎重的看著我。

「妖怪？有啊！你就是那個妖怪啊！」難道不是？

「媽咪，我不是啦！我是妳的兒子呢！請妳下次別再這
樣講了！」豆走過來用那顆硬頭磨碴著我的小腹。拍拍他，沒說話。

＊　　　　　　＊　　　　　　＊

幾天過後，我們路過台安醫院，那是豆出生的地方，告訴過豆，他已記得了。
走過體育場，看到台安，豆突然開口了：「媽咪，這是我出世的所在，妳把我生出
來幫助人，愛人……」豆兀自唸著。

我驚呼了一聲：「真是厲害！要先把自己照顧好，再去愛人。」我再提醒一次。

「媽咪，妳知道我為什麼這麼厲害嗎？我會想辦法的。」這是豆在鬧情緒時，
我要他靜下來，自己想辦法去面對處理事情，豆把他用到這邊來。

「要怎樣才會想到辦法？」看你真懂、假懂。

「心情要好一點，才可以想到辦法。」豆答著。

　　豆遇到挫折時，有時太困難了，就開始跺腳耍賴，哭哭啼啼像個乩童，而且跑來對我哭訴他想不到辦法。我總是要豆先靜下來，哭得腦部缺氧怎想得出法子？靜下來、心情放輕鬆了，才可以好好思考。車子一路駛過台安，耳朵裡聽著豆的話，你真的是記得了，好，好好走吧，孩子！

　　　　　　※　　　　　　　　※　　　　　　　　※

　　再過幾天在埔里，帶豆的舊衣去給玉珠的孩子。比比小豆兩歲，他爹錦樹不介意孩子穿舊衣服，有什麼不要的衣服、玩具盡量拿過去，資源回收免得浪費。我也樂意把豆穿不下的衣服送給他們，那都是阿媽買的好貨色，丟了還真可惜。

　　在錦樹家，比比的玩具不借豆玩，豆很生氣：「比比真是小氣，玩具都不借我玩，阿姨……」豆跑去跟玉珠告狀。玉珠趕忙過來作公親（調解）。

　　我則是把豆喊過來：「豆啊！請你不要說比比小氣，是他的玩具，他有權利不借你，你如果說他小氣，比比就會學你，下次也罵別的小朋友小氣，你要讓比比學你這個壞東西嗎？」

　　豆聽著，不吭聲。倒是玉珠聽了很驚訝：「這麼小，妳教他這麼嚴肅的東西，不會給他太大的壓力嗎？」

　　壓力？我倒沒想到，只是一直把豆視為一個獨立的人格在與他互動，有壓力嗎？管他的，還沒見到豆反彈出什麼東西來，只是三不五時說出一些怪話，把我嚇個半死罷了！

　　「可是……比比就不借我玩，我很生氣，那我應該怎麼說？」豆鬱悶的看著我。「玩具是不是比比的？」我先把重點找出來，豆無奈的點點頭。

　　我繼續說：「玩具是比比的，他不借你，你可以傷心，但你不能生氣，你沒有生氣的權利，你可以跟比比說，你很傷心他玩具不借你，但你不可說比比小氣，如果你做不到的話，你就什麼都不說，他比你小，你不是要來愛人？幫人的？你要比

比學你的壞東西,以後去罵別的小朋友小氣嗎?」我扮聖人,一句一句慢慢說著。豆無奈的沈默了半晌:「他為什麼會學我?」豆的結還沒打開。

「你說呢?他比你小,他會看你怎麼做,就跟著學,你如果對他好,他學了以後也對別人好,你罵他,他也會學起來,去罵別人。你應作好的或是作壞的讓他學?」豆聽了深吸一口氣,撐起了肩,當場被灌進了一種責任的感覺。

豆真的不再與比比爭執,找別的東西忙去。逮到就教,當他是一塊海綿,盡量丟給他吧!還跟他客氣?免啦!

放 輕鬆

下午為了豆看電視沒節制,狠狠修理他一頓(這種爛戲碼會一直不斷上演的),不用出手揍他,光是要豆關掉電視去站牆,就夠讓他哭得歇斯底里。

哭累了,去睡一覺。醒來,站在床沿上剛好的高度幫我搥背。一邊搥一邊說:「媽咪,妳的心情要歡喜一點,不要再這樣修理人了!要像游泳一樣浮起來,好不好?」

唉……豆啊!你真是了不起!我知道你要告訴媽咪什麼。有次在游泳池,我告訴豆說:游泳是一件很快樂的事,只要放輕鬆,身體自然會浮起來。豆是要我放輕

鬆，把情緒降下來。他真的是學起來了。但是：「媽咪知道要浮起來，媽咪是放輕鬆的，你學浮起來，是要用在自己身上，不是拿來說媽咪，剛才在那邊生氣、跺腳、痛哭的是你，媽咪從頭到尾都是心情很好，沒有生氣的樣子，雖然我對你說：『這麼傷心、生氣、不乖的孩子我不要。』我不是用生氣的口氣說的，是不是？」

雖然說這些話的時候是溫文儒雅，但是邊說邊換外出拖鞋，想出去走走！豆光看我要走出去，早已哭得趕過來抱住我的大腿！（這種爛戲碼會一直不斷上演⋯⋯）但，我真的一點都沒上火。是豆自己哭慌了沒搞清楚狀況罷了！我如果真的走出去，還得編一個好理由再回來呢！哈！哈！哈！虐待兒童！

雖然豆被我虐待個半死，緊要關頭卻還能拋出個回馬鎗來提醒我！嗯，有意思，不曉得是我教得太好，或是豆學得夠道地？真是頗精彩的。

豆 日驚魂

午後在大雅，爸媽都出去了，一切都很寧靜。豆在客廳看電視，我在阿柔的房間打電腦。

突然，一個緩慢嗚咽低沈的聲音由外面傳來！那個音調，像是有著死不瞑目的冤屈，即使是耀著暖花花太陽的午後，聽起來都會讓人不寒而慄！

拖出一聲以後，沈默好久，我摒住呼吸，不敢動彈。很清楚知道那不是貓狗之類動物的叫聲，但如果是人，為什麼聽起來像是由另一個世界傳來？我吞一下口水，全身汗毛豎立，胃已開始微微抽痛。此刻偌大的房舍，只有我與豆兩人，即使我看到這個「人」，光憑這種聲音，就夠教我腿軟，因為，那絕不是一個正常人發出的聲音，好期望那個聲音會自動消失！

才這麼想，第二個低沈嗚咽的聲音又傳來。我真的害怕到要崩潰了！但要崩潰

前，還得撐住自己照顧好豆。真怕豆聽清楚那個聲音，一慌神狂奔到我面前。

我鼓起勇氣蹲著身、躡著腳，不是出去面對，而是踮近客廳瞄豆，豆看電視正迷，完全沒聽到那嗚咽的聲音。我躲到窗下探探外面的動靜，知道那個「人」還在，只是視線關係看不到。只要他不衝進客廳擄走豆，我就按兵不動與他耗著。我的心臟快要停止跳動了。

終於那個聲音忍不住，開始移向客廳，我就要癱瘓，豆已聽到那個聲音了。「沒人在家，阮阿公阿媽去送豆花，不信你去找，從那裡去找。」

我看到豆的小手指向大門，躲在窗戶後面，我也終於看到那個「人」了。那個人，踩著一輛改裝過的三輪腳踏車，神智有點恍惚，行動遲緩，嚴重的口齒不清，只能從喉嚨幽幽發出低沈的嗚咽，不是要瞧不起什麼，但一看就知道很難用清楚的理智與他溝通。從他與豆的問答，我是聽得矇矇矓矓，應是來找爸的，豆怎麼能與他對答？

我自始自終完全躲在房內不敢出來，倒是豆，不曉得恐懼，神色自然與對待正常人無異，而且三兩句話就把那個人打發走了。我受過高等教育，有普遍的社會價值觀，也認識一些文化內涵，但卻無法去面對那種狀況外的「人」。豆，我又輸你一次了！是我自己的差別心嚇死了自己。如果，豆不是最優秀的天才的話，那麼應該是與那個人同頻率，才有辦法跟他溝通。嗯，應該是這樣的吧！豆，真高興你沒事，娘先去收個驚！

為什麼？

一位老婦人腳受傷，過來請爸幫忙敷藥。豆上前問：「阿婆，妳的腳為什麼會破空（受傷）？」

「吃老了（人老了），走樓梯，兩階作一階，踩滑了，就傷了！」阿婆有氣無力的回答。

「那妳為什麼不兩階作兩階走？」那個為什麼的妖怪豆又來了！

「吃老了，就頹了（不行了）！」

「為什麼吃老就頹了？」

「吃老了，腳手混沌，走路走不順勢……」阿婆越來越無力。

「是按怎走路走不順勢？為什麼不要好好走？」豆無邪的兩眼一直盯著阿婆。

「…………」阿婆無法回答。

「阿婆，妳是按怎不要講話了，阿婆，妳的腳破一空會痛嘸？」豆就是不善罷干休。

「唉！」阿婆只剩嘆息，腳傷敷好藥，但病情好像越來越嚴重了。

「阿婆，你的腳敷藥，要怎樣走路？」豆發出誠懇的關心。阿婆無話可說，可以的話，我想她寧願趕快起身逃走吧！

學 舌與挑食

寫好一篇稿，封好未寄。豆吵著要打電話給土城阿媽，報告玩電玩的成績。不讓打。豆拿起我的信封，看著上面的字，對我說：「媽咪，妳知道上面寫什麼嗎？」

「寫什麼？」上面的字我寫的，你又看得懂了？

「大人要讓小孩打電話，哪嘸會

被捉去關起來，然後被大可樂罐壓死！」唸得煞有介事。我望著信封上的抬頭、地址，懶得理他。

「不准打電話！」管你唸什麼鬼東東。

「為什麼要這樣對我？」拿起信封又繼續唸：「大人不讓小孩打電話，就會被剝皮拿去做皮鞋！咦？我怎麼說跟阿舅一樣的話？」豆自己都嚇一跳。

老哥曾嚇過豆，如果豆不乖的話，要把豆的皮剝下來，曬乾，拿來做皮鞋！還把腳上的皮鞋揚一揚，說是用不乖的小孩的皮做的，豆被嚇個半死。該死的大人！但，現在豆卻學起來用了，說完自己都訝異！

「不准打電話！」剝皮都沒用。

豆挑食，挑得很奇怪！愛吃菠菜，因為吃了會像卜派。愛吃蘋果，因為丹丹的朋友小豬最愛吃蘋果。愛吃紅蘿蔔，因為小熊維尼裡的瑞比愛吃紅蘿蔔。但是，不愛吃肉、蛋、魚、豆腐。

只好跟豆說：「吃魚會更聰明，吃肉會長肉肉，吃蛋可以強壯你的蛋。」每一樣食物只要冠上特殊的療效，豆就會勉強的吞下肚。吞了以後馬上彎起胳臂擺出神勇的姿勢，好像就要一飛沖天！看了教人都想去嚐嚐豆剛吞下的那一口香菇，是不是吃了也會像豆一樣精神百倍！

但不是每一次都這麼有效，尤其是新食物，豆說不吃就不吃。愛心、耐心用完時，只好來硬的：「豆，媽咪不是常跟你說，有東西吃就要感謝嗎？為什麼還要嫌東嫌西？每一樣東西都要吃，營養才會均衡！先試再說，先吃再說，還沒做以前不要說喜歡或討厭。給蝦子一個機會，也給你自己一個機會！」

我受不了不先嘗試就拒絕一切，窄限了豐富生命的機會。好歹也得吃了半個豬肉水餃，再說喜歡或討厭。硬逼豆吞了半個水餃後，豆仍說：「我討厭豬肉水餃！」

好！這樣我就接受了，你是真憑水
餃的口味回答我的，而不是空憑先
天的喜惡。就這半個水餃，至少讓
豆知道，他討厭的豬肉水餃是什麼
味道。

「口氣不對，要說：謝謝，我可
以不吃豬肉水餃嗎？用歡喜的口氣。」

「媽咪，謝謝，我可以不吃嗎？」謝
天，豆心情好，跟著做。若豆也
被我搞得烏煙瘴氣時，直接賴哭
了，還謝？

134

黑白教

超幸福媽媽守則十八

讓孩子時時活在窮困的感覺裡，揮霍闊綽的生活對孩子真是沒啥助益。

超幸福媽媽守則十九

孩子的可塑性和忍受力常超過大人的想像與憐憫程度。讓孩子知道大人也會有情緒，只是盡量試著控制情緒，孩子看在眼裡，他會學。

超幸福媽媽守則二十

教導孩子把自己的喜怒哀樂透過語言表達出來，透過語言表達，表示孩子有自覺、體悟，可以理性溝通，不完全是靠肢體來發洩情緒。

超幸福媽媽守則二十一

不要因為心疼孩子小，就幫他穿衣、洗澡、餵飯……，千萬別濫情地剝奪孩子的成長空間。要警覺不用物質的優勢，輕易替代理性的教導，把它當成母親對孩子的愛。

小 小豆

　　到肯德基，豆要求自己一個人去購餐。我把折價券和剛好的金額給他，只夠單買一塊炸雞，坐在遠遠的地方看。

　　「老闆，我要一支翅膀，連在雞身體旁邊的那一種。」豆的小手在兩肋比劃著，我微笑的點點頭。

　　「還要一個雞胸，在前面的（比自己的胸部），兩個雞塊，不要辣，還要一個雞脖子，連在雞頭下面的，還要……」

　　我聽了差點跌下椅子。店員一面覆誦豆的話，一面在收銀台上敲點著：「一支翅膀、一塊雞胸、兩個雞塊不辣，雞脖子？」店員打不下去了。

　　「不是！只要一塊炸雞！」我隔桌開喊，力挽狂瀾！豆和店員都轉頭看我，兩人的表情都一樣，應是三人的表情都一樣，錯愕！豆，娘是這麼相信你，相信你是來亂的！

　　豆把雞翅啃得乾乾淨淨，不過癮問我還要，回豆，沒錢了，省著點。

　　豆聽話跑到遊戲室去玩。裡面有一個小孩，看起來小豆一些，兩人玩一玩，豆上前問：「你叫什麼名字，我叫豆豆！」問得無禮，次序也不對。

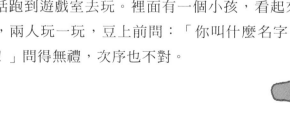

「我叫豆豆！」那孩子也是豆豆。

「錯！你不是豆豆，我才是豆豆！」豆拉高嗓門，對著小小豆吼。

「我是豆豆，你不是豆豆！」小小豆也反駁了。

「豆豆是我的名字，你不可以用我的名字！你才不是豆豆呢！」那個傲慢的豆吼得臉紅脖子粗，頸動脈都快爆破了！

我聽不下去，趕緊把我的豆喊到跟前：「豆，你的正名叫林懇，豆是你的偏名、小名，別人也可以叫豆的，不要這樣沒禮貌！」

「為什麼有兩個名字，為什麼有正名？有小名？」豆不解的對我發問。

「正名用在上學、正式的場合，小名是在家裡，媽媽、阿媽、阿公叫你的，別人有正名也有小名，那位朋友的小名跟你一樣，他的媽咪也叫他豆豆，豆豆不是你的專用名，懂嗎？」

我是講得夠清楚了，你要聽不明白，小心我火了。豆乖乖的點點頭，又鑽進去找小小豆玩。這次臉上是驚喜新奇的笑容：「你是豆豆，我也是豆豆，我們兩個都是豆豆。」發現新大陸似地，興奮的與小小豆分享！遊戲室裡有兩顆豆……

捐 血餅乾

埋在電腦前打文稿，豆都會乖乖的一個人去客廳玩電玩。玩累了，豆就會像孤魂野鬼一樣，在房裡飄來盪去，除了偶爾喃喃自語：「我真是倒楣，一天到晚被關在五樓。」其餘倒不太吵我。

有時故意面無表情的晃到我面前，低頭吊眼的勾著我，妖怪！惹得我發笑，豆也會跟著笑到我懷裡。

看我打電腦，豆會體貼的跑到我身後，站在床沿上替我搥背，手勁力道剛好，

還會問我：「這樣有舒服嗎？」

「真是幸福！輕鬆多了，感謝你！」

「好，我明天再來幫妳按摩。妳把文章寫好一點，才有人要。沒人要的話，妳再賣給我。等妳賣錢了，我就不用再吃捐血的餅乾了！」

「捐血餅乾？」

哈！哈！哈！上次捐血是帶著豆一起去，豆看針扎在我手臂，一直擔心的問我會不會死掉。我氣定神閒的安撫豆以後，把捐血送的餅乾拿給他吃，並且告訴豆，因為沒錢買食物，所以來捐血換餅乾當午餐。豆認真了！雖然誇張得太過火了，我，也不打算更正，就是要讓豆時時活在窮困的感覺裡，揮霍闊綽的生活對孩子真是沒啥助益的，豆啊！我們真的是窮，好好記得，這樣你才會珍惜並感謝你所擁有的。媽愛你！

情緒

豆早上起來，心情不是很好。弄飯給他吃，豆躺在床上說他走不動，要我背他扶他，我耐著性子拉豆起來走往客廳。豆放著身讓我拖，我有氣，放手告訴豆：「媽咪不喜歡你這樣，非常不喜歡！」我不要一早起來就去處理豆的壞情緒。

豆坐下來吃飯，愁著臉，嫌碗燙，嫌飯熱……

「不要吃，放著。」我的語氣平淡果決。回房打我的文稿，完全沒有信心如何心平氣和的去處理豆的情緒，應該說，是害怕豆就要發作了。半分鐘後，客廳傳來豆愉快的吃飯聲，一、二、三……數著飯粒。

孩子的可塑性和忍受力，通常超過大人的想像和憐憫的程度。能理性的互動當然是很好，如果自己也有情緒的話，不妨適當的先釋放一些，讓孩子知道，大人也

不是完人，大人也會有情緒，只是盡量試著控制情緒，孩子看在眼裡，他會學。體罰是不好，但當大人也忍無可忍時，只要不是情緒失控的虐待，我倒覺得讓孩子有一些皮肉之痛，勝過於大人情緒積壓過久的洪猛爆發，不用多，只要有一次真正使孩子受傷而留下一輩子無法挽救的遺憾，就夠教人悔恨一輩子了，所以偶爾揍一下，平衡自己也好！

再 試一下

豆玩電腦，手指沒按對滑鼠鍵，電腦沒反應，豆哭喪的叫我：「媽，電腦壞了！」那一聲媽，帶著一大堆惡劣的情緒，叫得是要人馬上放下手邊的工作，專程去處理他。

「不要玩了，馬上離開！」我火豆的情緒，沒有試著控制，一下子飆出來直接耍賴。豆聽到我的吼聲，怯怯的躡到我面前：「我以前都會玩，現在為什麼不會了！」

「媽咪說，遇到事情要怎樣？」壓住自己的怒火，教過豆。豆東張西望，玩著袖子。

「安靜站好，看著我，回答我的問題。」

「我……不知道……」

豆的聲音越來越小,該死!

「把自己安靜下來,想一想,去解決!」只差沒拿支擴音器對著豆的耳朵吼。

「可是……我就不會啊!」豆扭著身,用意識全盤拒絕。

「安靜下來說:我來試試看!」深呼吸,懷疑自己為什麼還沒給豆一個五斤雷。

「我來試試看!」說完魔咒,豆轉身回到電腦前。

「媽,可是電腦還是不會動,我要等多久?」豆又開始哭喪了!我走過來,電腦是好的,豆的手指沒按對。

「我不想玩了!」豆想逃。

「你的手指沒按對,再試一次,說:我再試試看!」逃?哪那麼容易,捉回來,按到電腦前。

「我再試試看!」豆再唸一次魔咒,手指擺對了,一切正常。

豆回頭看著我的臭臉:「媽咪,斯麥爾!」要我輕鬆微笑。天,差點氣結!揮揮頭上的冒煙,過去給豆一個吻。

修 車廠

在福特保養廠修車,福特有一個特別為女性顧客服務的休憩區。豆來了好幾次,知道這兒有餅乾吃。這次豆找不到喜歡的口味,自己去櫃檯找小姐商量。抬槓幾句後,豆端著一杯果汁還有喜歡的餅乾回來,回來時臉上有一抹得意。我則趁機再加強:「豆,你要什麼東西,你必須自

己去要求，自己去面對，自己想辦法去處理，了解嗎？先試再說，先做再說！未試未做，不要說：我不會！」一氣呵成，為自己拍拍手！

「有啊！我去試了，我去做了，是我自己一個人去的啊！」是的，就是要這樣，但願你記住。

「好孩子，媽咪愛你！」

還沒愛完，豆打翻了桌上的果汁，當場一片狼藉！豆嚇呆了！我拿出身上僅剩的兩張面紙，先處理部分桌面，但不夠止住奔流的汁液：「豆，你先去跟阿姨說：阿姨對不起，我不小心打翻了果汁，妳有抹布或紙巾借我處理嗎？去！」

豆的臉縮小了一號：「我……不敢啦，阿姨會罵我，她會把我捉走，我不敢去！」

「咦，不是才跟你說要勇敢，要去試，先做再說嗎？」

豆當場變成一隻縮頭烏龜，開始沮喪哭泣：「我不勇敢啦！我不要試了，我不要做了，阿姨會罵我啦，嗚……嗚……嗚……」跺腳痛哭！

我最受不了沒自信，使情緒的孩子：「去！去找阿姨，不勇敢的孩子我不要，做錯事，要扛起來，要自己去面對，媽咪不愛像你這樣的孩子！」

豆深呼吸想撐起自己，才吸一口氣，隨著吐氣，人又垮了下來：「我不敢啦！我不要去，阿姨跑得比我快，我追不上她的啦，嗚……嗚……嗚……」開始閃爍要逃避！我是不屑到極點，但更懶得找言詞來羞辱他。我就呆坐在那，看著豆啼哭嗚咽，在地上扭起賴下的。桌上的果汁仍一滴一滴的往下滴。

「媽咪教你，你還是去找阿姨吧，在這邊哭，在這邊傷心都是多餘的。去試了以後，要哭回來再哭！媽咪勇敢的孩子、優秀的孩子在

那裡？」

我懶得告訴豆，阿姨不會怎樣，她會幫你的。我不要替阿姨背書，也不要先給豆一個安全的保證，替豆擔保一個完美的結果再叫豆去嘗。不，我不做這種事，不管是好壞的結果，豆一定要自己去修這門經驗學分。

「媽咪，妳為什麼要按呢？」豆還是一張哭喪的臉，但已慢慢挪著腳步往櫃檯。還離好遠就開始喊：「阿……姨，我不小心把果汁打翻了……」

「走近一點再說，也沒說對不起，阿姨聽不到，太沒誠意了！」

「有啦，阿姨聽到了！」

「不行，要走近跟人家說！」

豆還是杵在那兒不動，善良的福特小姐早就聽到我們母子的嚷嚷，咚咚咚拿著抹布、小盆子熟練的過來收拾殘局。

豆還愣愣的呆在一旁。「要跟阿姨說什麼？」我提醒豆。

笨豆，兩隻淚眼呆呆的盯著阿姨。天啊！剛才機伶的跟人家要果汁、餅乾的那個神勇小孩那裡去了？故障！

「豆，你打翻果汁，應跟阿姨說什麼？」

「阿姨，對不起！」

「沒關係，下次小心點就好了！」福特小姐真善良。呆豆，笨豆，還是愣在那兒杵著。

「豆，阿姨原諒你了，你應跟阿姨說什麼？」豆真的是故障了，舌頭被貓咬掉了。阿姨等不及已先離開了。

「豆，人家原諒你了，你是不是要跟人家說謝謝？」

豆終於恍然大悟，追上前去：「阿姨，謝謝。剛才我媽媽的嘉年華……」豆回魂後又開始找人抬槓去了。

開 門關門

踏著沈重的腳步，母子倆氣喘噓噓的爬上五樓。阿評聽到我們的腳步聲，不等叫門老早替我們開了門。感謝著，豆後我進門；一進門忙著脫鞋、換鞋。阿評說：「豆，請關門！」

「門不是我開的，誰人開的誰人要去關！」豆答得很溜，阿評和我都嚇了一跳，豆啊！你怎可如此傲慢無禮？

「我開門是讓你們進來，進來了為什麼不關？」阿評火了，著實該火。

「媽咪也有進來，媽咪關！」天才豆。

「是你落後進門的，我先進，若關門，你要怎麼進來？」忙著接招，你這個兔崽子，講那個什麼東西？

「門不是我開的，開門的人去關門！」豆回得臉不紅氣不喘！

「好！以後你們回來，我都不幫你開門！」阿評發狠了！

「媽咪有鑰匙，我跟媽咪進來！」那個現實勢利的豆！

「豆，阿姨幫我們開門，我們是不是要感謝人家？你不感謝，

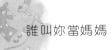

還說那個什麼話？」這麼清楚的道理，我要怎麼說讓你懂？

「為什麼？」豆還沒服氣。

「為什麼？這還要問為什麼？人家幫忙我們，就說感謝，還問為什麼？」咦？是啊，為什麼？又遇到兵了！

「媽咪不是教你要常懷感謝心嗎？感謝有東西吃、感謝有停車位、感謝有地方玩、感謝撿到回數票，感謝爸爸辛苦賺錢給我們花，感謝一切，媽咪不是常這樣說嗎？」

「為什麼要感謝？」豆真的是不死心。

「為什麼要感謝？」難不成再寫本論文給你看？

「記起來！就是感謝！感謝媽咪愛你，把你帶在身邊，感謝紀念堂阿媽的房子讓我們住，感謝阿姨幫我們開門，就是感謝！不要問！」好了，我不及格了。做不了一個好老師、做不了一個好媽媽；我說得氣憤填膺，口沫橫飛！不能說到讓你懂，就當成口號、標語死記，只管記起來，那一天懂了，就解開了！豆眼睜睜的看著我，還想跟我辯，但感覺我大概快腦充血了，沒有再開口。

「去跟阿姨說謝謝！」即使不跟我強辯了，還是得把該做的事做完！

豆蹦蹦的蹦到阿姨旁邊，不死心，還是回頭：「阿姨不會跟我說：不客氣的啦！」豆還在那裡找藉口拗著。

「人家回不回你是人家的事，說謝謝是你本來就該做的事，把自己作好管好，不用管別人會不會回你！去！」一根食指直出去，只差沒往豆的頭戳。

「阿評，謝謝！」豆說得心不甘情不願。唉！誰家的孩子啊？

「為什麼說謝謝？」阿評再砍。

「謝謝妳幫我們開門。」豆清楚的。

「不客氣！」阿評冷冷的，回豆的不情願。

「我已經跟阿評說了！」豆回頭跟我報告，表示完成了我交代的任務，還不是

由衷而發，而且沒喊阿姨，就直呼名號，改不過來。豆對稱謂，其實頭腦清楚得很，豆就是不喊阿姨。阿評雖不計較，我還是會糾正，但我對稱謂，並不是那麼刻板，有商量的空間。好，有道謝就算了，練久成習慣，自然會真心感謝一切，姑且先謝著。

溫室

　　在土城，一夥人高高興興到黃昏市場買了食物回來。一杯豆的珍珠奶茶，還沒喝就被阿媽打翻了，豆不可置信的瞪大眼，毫不客氣的放聲哀嚎！阿媽趕忙道歉，聽到有人自首認錯，豆順勢的加強啼哭。

　　我火了，上前斥喝！豆哭得更嚴重。咦？這情況如果發生在台中，三兩下就沒事了，但在土城，豆依乖賣乖，知道有人買帳，而且是大力熱情贊助的，卯起來哀嚎痛哭！唉，還真是印證了我的觀點：舒服的環境，最適合培養人的軟弱和惰性！

　　豆在此時此地，清楚的了解有人會理他、安撫他，所以任由負面的情緒驕縱肆虐，一點都不想用自己的理性智慧來收拾；更嚴重的是，豆知道安撫他的人位階高過我，媽咪在此刻是撼動不了這一份耍賴的，該死！回台中有得他瞧了！

看企鵝

　　回土城，天氣進入秋冬，還連續來了幾個颱風。閒著，問豆想不想去看企鵝。每次豆北上，都蟄居在家裡守著電視，在安順東二街因為沒繳費，第四台被剪線，剪了就不想再裝了。電視這東西，可愛可恨，以前有電視時，每天靠著電視填充日子，那時候想，如果沒有電視，日子不曉得要怎麼過？現在沒有電視，倒覺得還滿

清爽的。裝了天線可收看三台，知道一點新聞就好。

在台中看膩了錄影帶的豆，一上台北就卯起來看電視，那兒都不想去。這幾天企鵝在孵蛋，消息正熱著，但因天氣不好，且非假日，人應不多，想帶豆去瞧瞧。

豆的腦袋瓜轉了一轉：「等我看完卜派再去，好不好？」

「沒禮貌，用問的，重說一次。」挑豆的毛病。

「媽咪，我可以看完卜派再去嗎？」說完打開電視，竟然沒視訊！

「媽咪，電視為什麼壞了？」颱風天，第四台斷線了！豆，合該你就是要跟娘去看企鵝的，走吧！

母子倆，開著車，一路駛到動物園。下車手牽手，豆興奮的對我說：「媽咪！我真的很歡喜，感謝妳帶我來看企鵝！」豆很真誠的表述他自己的感覺。

「免客氣，媽愛你，媽也很高興帶你來看企鵝。」天空下著小雨，我撐著傘，豆戴著帽子，蹦跳在雨中。這也是豆最愛玩的遊戲，奔騰在雨中，用力踩著水漥，濺起水花。想起自己小時候也是如此頑皮，只是父母忙，而且也沒頑皮在他們的視線範圍內，所以未曾被喝止；現在看到豆這麼的快樂，我很願意讓孩子在裡面去釋放自己。只是有一個條件，弄濕了鞋，別嚷著要換，繼續穿著，或就脫光打赤腳，沒別的商量。

到企鵝館，是有一堆人，但還好；看著繞在入口拐了三、四個彎的紅圍欄，今天並沒有人需要排在裡面等著，但光是這排場，就曉得人多時的盛況，還好今天來對了，不用跟人擠。

帶著豆，捱到玻璃窗前一個空位，看到真實的國王企鵝，黑背白腹，加上頸部、耳後的一抹鮮黃，豆忍不住發出了歡呼：「媽咪，妳看企鵝在水裡飛呢！哇……牠真是快樂啊！」

「豆，你怎知企鵝是快樂的？」

「看牠游就知道了呀！」

真的，如此面對面的看著活生生的企鵝，飽滿肥胖的身軀，卻又動作靈活、姿態優美，短小可愛的尾巴一小撮，微微的拐個彎，就在水中倏地游來，倏地鑽去，比起透過電視的傳播，只有親臨現場才能喚起心中的感動，除了讚嘆，如實感受到的就是快樂。

「豆，你快樂嗎？」

「嗯！」豆目不轉睛盯著那個快樂的水中精靈，無暇回我，只是看著躍上潛下的企鵝，不時發出驚喜的歡呼。豆沈醉在對企鵝的感動中，我則欣賞著豆對企鵝的感動。

看好，下山，又是走了一段路。對一個四歲小孩來說，來回這兩趟，路途是有點遠。

「媽咪，我的腳好痠！」

「忍著吧，要不要坐下來休息？」到處濕淋淋，即使沒撐傘，我也不可能把豆背起來。豆十六公斤，我差不多豆的三倍重，但還是一個沈重的負擔，我沒有那麼偉大的愛心。為豆買了爆米花，先安撫一陣。路過一段小涵洞，講話，會有回音。我讓豆在裡面叫著，教豆玩。玩得盡興，幫豆拍照，豆又歡喜的對我說：「媽咪，感謝妳替我照相！」

「媽咪真的是好愛你，你都知道要隨時感謝，你學得真好，媽咪真喜歡教你！」豆啊！你要真的能隨時都懷著感謝心，你可以活得很好的。

「媽咪，我來的時候真歡喜，可是我現在很傷心……」豆的情緒開始走下坡了。

「傷心啥？」真怕豆要給我賴在半路。但又很欣喜豆可以把自己的喜怒哀樂透過語言這個工具表達出來，能用工具表達，即表示豆有這一層自覺、體悟，可以有理性的溝通，不完全是靠肢體的情緒發顛的。

「我真想土城的阿媽，我想回家。」豆身體疲累，幾乎開始哽咽。

「想不想去看可愛的無尾熊？」已快到出口了，接近出口的地方有無尾熊館。

「好啊！」轉移豆的情緒，去看在樹上打盹的無尾熊。無尾熊緩拙可愛，不停張大嘴打哈欠，豆也跟著無尾熊在那張嘴。看完無尾熊，豆又被白鵝、鴨子吸引，逛過去陸陸續續逗留一陣，才盡興的回到車上。

「媽咪，我那兒都不想去了，也不要在外面吃飯，我要直直回家看阿媽！」豆發出了哀求。

「好，豆，你今天的表現真的很好，你都沒有哭沒有吵，而且都一個人走路，沒有要媽咪背，你好優秀，真是勇敢！媽咪好喜歡帶你出來玩，現在我們回家了！」灌豆一大杯迷湯，陳述事實，也真的表達自己對豆的欣賞與感謝，這個孩子真的是受教。豆聽了我一番話，從後座探過頭來蹭一蹭我的臉頰，又安靜的回去坐好，沒多久就累得睡著了。

到家，車停妥，都尚未熄火，聽到車聲的阿媽早已立在車外等著抱豆，只是豆睡得迷迷糊糊，醒來還哭鬧一陣。豆，娘幫你記上這一段，將來長大，你自己去看，看阿媽是如何的掛心你。

孩子，你真的是好幸福！

一條香腸

「媽咪，我肚子餓了，我想吃香腸飯。」豆餓了，跟我要飯。如果沒回大雅去白吃，在家裡我都等豆餓時再弄飯餵豆。人口簡單，手藝也不好（豆曾在電話中跟土城阿媽抱怨：媽咪煮的飯好難吃！）但為顧及豆的營養，我盡量在一碗飯裡配上最豐富的花樣。基本的米飯中，一定有五穀雜糧，比如糙米、燕麥、薏仁、紅豆

……，然後再配上水煮香腸、雞塊、肉鬆或鮪魚等肉類，簡單的蔬菜一定有。

今天冰箱的香腸只剩一條，「豆，香腸只剩一條，吃完就沒了，中午你也是吃香腸飯，晚上你要不要先吃肉鬆飯，香腸留著下次吃？」

「我可以不吃肉鬆飯嗎？香腸吃完再去買啊！」

「沒錢買了！」只是不想讓豆一天吃那麼多加亞硝酸鹽的食物。不是懶，不煮新鮮食物餵豆，而是試過幾次，忙個半天，豆吃下肚的不到半口。小孩的胃口真的很難測，我擔心豆會營養不均衡，但弄了半天豆也不吃時，只好退而求其次，至少先吃一點食物填飽肚子吧！連量都沒有時，還求什麼質呢？喜歡白飯就先吃白飯吧，不要為了逼豆多吃一點魚、蛋、肉，搞到最後豆連吃白飯的胃口都沒了，所以，在這個地方我是妥協的。

又如吃飯配開水，這在營養學裡也是錯誤的；一樣，沒配開水，豆連飯都不吃，我面臨兩個選擇：一是硬要豆吃好飯再喝水，結果豆以不吃抗議，讓豆瘦得沒元氣；二是讓豆吃飯配開水，最後吃到胃潰瘍。我……應該餓死豆省事對不？

「那麼，妳把香腸切小塊，另一塊留著下次吃！」

天！老實說，聽到豆這麼說，我心中一哽咽，眼淚差點掉下來。孩子啊！我是要教豆節省的，沒想到豆學成時，我竟是如此的不忍。

「好，媽煮香腸飯給你吃，要等一下哦！」沒把婆婆媽媽的濫情汜出來。豆看我煮了整條香腸，驚慌的提醒我：「媽咪，妳沒把它切塊？」

「煮好再切，省得下次還得煮一次！」準備全煮給豆吃，會再買的。結果煮好，豆果真只要我切半塊，服了，尊重你。

孩子的可塑性是很高的，我們常在講，也興

奮的常去塑，往外塑，塑孩子幾時可以吞劍跳火圈。但孩子「內在」自我處理的能力，那個可塑性更高，可是在這個模糊地帶，大人會搶來好好表現自己，比如心疼孩子小，所以就幫他穿衣、洗澡、餵飯、煮一條香腸……，常常忽略了孩子其實願意、更可以只吃半截香腸。

像豆知道要把香腸省一半吃時，我第一個感覺是不捨、不忍，再來回神的一想，替豆賀喜，賀喜他自制的能力又往上增加了一成。更慶幸的是，我沒有在濫情的情緒下剝奪了孩子成長的空間。如果我不夠警覺，可能一不小心就用物質的優勢，輕易替代理性的教導，把它當成母親對孩子的愛，咚咚煮一鍋香腸，然後淚水四溢的抱住孩子說：媽愛你！

孩子本身的材質都是很純樸很高貴的，我不以一條完整香腸來表達作母親的愛，太便宜了。

觀念

吃晚餐時，豆一邊吃一邊看電視，我規定豆吃飯不准看電視，但安順東二街房子小，就一個起居室，除非躲回房間吃飯，否則怎麼閃都會看到電視。兩位阿姨都吃飽了，打開電視看比賽料理的卡通；豆一雙眼睛盯著螢幕，飯都扒出碗邊掉了一地還不知。

「豆，看你的碗，你的飯都掉出來了！」我提醒著，但豆沒聽話，仍擰著脖子，手嘴不搭的划著飯。

「豆，吃飯作正經，不可以看電視！」我又嘮叨，但效果不大，電視的魅力大過我。終於阿評開口：「吃飯不可以看電視！」說完馬上關了電視。謝謝合作，感激啊！電視關了，豆終於把頭擺正，用力吃飯。真的是用力大口大口的扒，一臉的

怒氣！

「豆啊！吃飯要歡喜要愉快，你吃得這麼不快樂，肚子裡的飯難消化，會疼的喲！」

「我不看電視了，請妳把電視打開！阿姨她們沒在吃飯，阿姨要看！」古怪靈精的豆，誰都知道他在打什麼主意。

「謝謝，我們不要看電視！等你吃好飯，我們再看。」兩位阿姨很配合的拒絕，拿起大賣場的廣告，慢條斯理的翻看。

「按呢電視會做完呢！」豆皺起眉頭，即將哭出來！沒人理豆。豆埋頭火速的扒完飯，要豆慢慢吃，勸不聽。把最後一口飯塞進嘴巴，還沒咀嚼吞下肚急著去開電視，比賽料理的卡通剛好播完，預告下次的內容。豆一看播完了，紅著眼，緊抱雙臂瞪著我，生氣，又不敢發作。我看了也心疼，想安慰豆，豆已生氣的跑回房間。

「我要去影印文件，你要不要跟我下樓走走？」想疏散豆的怒氣，進房拍撫著豆。豆跟我下樓，到便利商店去影印。一到便利商店，豆看到零食、玩具，這想買，那也想買，我都跟豆說，沒錢買。出了店門口，豆對我說：「台北有錢，我們回台北去住好嗎？」

我聽了心頭一緊，停下腳步，蹲下來對著豆：「媽咪寧願窮，在台中過著歹命的日子，也不要回台北過好命的日子！」

豆也停下來，在我臉上親一下：「為什麼我們不要回去過好命的日子？」

「好命的日子過慣了，不會想打拼的！你想回去，你就去跟阿媽住，要嗎？」

「妳呢？」豆問我，我搖搖頭。

「那我也不要，我要跟妳住在台中。為什麼過好命的日子就不會打拼？」

「在台中沒錢買玩具，你覺得很難過，你就會想回台北過好命的日子對不對？」我試探著，豆腦筋一轉，不敢回我是或不是。

「在台北我也可以打拼啊！」豆想反駁我。

「在台北，你整天看電視，阿媽會餵你吃飯，你有什麼好打拼的？」

「我電視看好，吃好飯就會打拼的。」天真的豆，轉不過來。相信媽咪，不是那麼容易的，媽咪走過，苦日子對你有好處的，早臨逆境總是福。

「來，回家媽咪讀故事書給你聽。記住，就是要先學會過沒錢的日子，不要再討論了。」

「我要讀兩本，費得和阿拉丁神燈，妳還要教我寫字。」

「只讀給你聽，不教你寫字的，把筷子拿好就好。」牽著豆的小手，幸福的上樓。

買 飛機

「媽咪，妳可以說故事給我聽嗎？」

「好，去拿一本故事書來，我說給你聽。」

「這一本，是說什麼的？」豆隨手遞上一本故事書。

「這本是說坐飛機去旅行。」

「媽咪，以後我長大也要去開飛機，妳買一台飛機給我開好嗎？」

「買飛機？你長大後，自己賺錢去買！」買飛機？連買機票都有困難了，還買飛機？

「台北有錢，我們回台北去拿！」

「那是阿公、爸爸的錢，不是你的，想買東西要自己去賺，不可以向人家要錢，知道嗎？」豆，要有骨氣，自立自強。

「好，我長大要賺很多很多錢來用！」豆說得鼻孔又撐大了！

「對，很好，就是要這樣！」心中真是安慰，不愧是我的兒！

「我賺很多錢，不要給妳！」

「咦？那按呢？」我心裡咚一聲，想到年老色衰、孤苦無依……

「妳不是說，要自己賺錢，不要向人家討，所以妳要錢，自己去賺啊！」豆說到抬起下巴。

「唉！好，那你現在都不要向我要錢買東西！」要說狠話大家一起來！

「可是……你是我媽咪，我現在還小，你要照顧我呀，我明天要回大雅去賺錢。」

「去大雅你要賺什麼錢？」

「我回去搓湯圓賺錢！」

「好吧！你去吧！」看來豆是不可靠的，我也要自立自強。哼！這禮拜優酪乳不供應了！喝白開水吧！轉兩圈還是覺得不妥，總有一個地方不對勁的感覺。

「豆，媽不是告訴你，把自己活好以後要幫助人的嗎？」我小心翼翼的探著。

「可是那個人如果已經活得很好的時候怎麼辦？」

「活得好就活得好，可是總有不快樂的時候啊！」我得把自己兜回來。

「好，如果妳傷心的時候，我就會把妳疼一疼！」

「嗯！好多了，真謝謝你！」可是折合現金我比較喜歡啦！唉，豆啊！我還是得小心不能活得太闊綽，免得……，豆啊！娘真的是窮啊！先練習練習。

黑白教

　　天氣冷，好幾天沒帶豆回大雅活動活動，豆又便秘了。馬桶上上下下，就是大不出來。我是又急又氣，聽豆坐在馬桶上哭訴：「我大不出來……我的肚子痛死了，屎它們以為（還特地問我「以為」的用法）我的肚子是戰場，它們在裡面打架，媽咪，妳拿表飛鳴給我吃啦！誰人可以救救我？」

　　「沒用的啦，要把屎拉出來啦！只有你自己可以救你自己，沒人幫得上忙的。」

　　「不行啦！我沒辦法啦，媽咪，我……肚子不痛了。」說完提著褲子又溜下馬桶。自己跑去挖兩瓢表飛鳴吃，還是過期的那罐。沒兩下，又肚子痛得爬上馬桶：「媽咪……我好怕哦！」又哭喪了臉。

　　「說：『我來試試看！我一定可以辦到的！』」

　　「我來試試……我一定……可以辦到的……」豆小聲的唸好咒語，肚子又不疼了，一轉身又溜下馬桶。

　　「好吧，那麼痛苦就不要大了，等它一直積一直積，積到硬梆梆，大不出來，大到一屁股

血，像你小時候那樣子，我再送你上醫院用刀子割開，把你的硬屎拿出來。」

「用刀子割，按呢會死嗎？為什麼會有屎？我真的不喜歡屎在我的肚子裡。」

「你一直吃東西一直吃東西，又不把它大出來，不想大，就等屎把你的肚子撐破，那你就死了，死了就不用大了！」

「那我不要吃東西了，我不要吃東西就沒有屎了！」

「好啊！不要吃蠶豆酥也不要吃優酪乳，你什麼都不要吃，你就餓死了，餓死了就不用吃也不用拉屎了！」

「媽咪，妳是不是黑白教（胡亂教）？妳為什麼要對我黑白講？妳這算什麼媽咪嘛？為什麼要黑白教我？教我不要放屎！」

「教你平常要大便你又不聽，現在大得這麼痛苦，乾脆就不要大了！再積嘛！」

「哼！媽咪，你生我生不出來時，醫生用刀子把妳的肚子割開，妳有沒有死掉？」唉！看你那麼聰明，為什麼不會拉屎呢？

吵架

準備回大雅，豆一不小心用一個綁頭髮的橡皮筋射中我，痛得我板起臉來罵他一聲，豆捱了罵，心情也壞了，板起一張比我更臭的臉。我看了更不高興了：「為什麼這麼不高興？如果在安順東二街活得這麼不快樂的話，你要不要回台北跟阿媽住？」

「我才不要！我要跟妳住在一起！」

「跟我住，我會罵你，你又這麼痛苦，何必呢？」

「那妳要想辦法把妳自己作好一點啊，妳不要這麼壞嘛！」

「歹勢，我好像只能這個樣子了，你要跟我住，你最好趁早學著來習慣我！」

「我一定要想辦法把妳喬卡好一點（調整好一點）。」豆不知哪時學會這句話。

「隨你哦！祝你成功！」

炸粿阿桑

安順東二街上有一個阿桑，早上賣早點，傍晚賣炸粿。豆最近迷上了炸米糕，每天晚上時間到了都會要求我帶他下去吃一塊米糕。如果在家附近外食的話，我都習慣自備碗盤。

今天我拿一個盤子和一個湯碗下樓，盤子給豆裝米糕，湯碗是要拐個街角為自己買麻醬麵的。買好，拿到阿桑的店與豆一起吃。

阿桑很好奇我們母子倆：「你們晚餐就吃這樣？一塊米糕、一碗乾麵？」

「是啊！我吃得簡單，晚一點孩子還會再吃一餐！」

豆塞了滿嘴米糕後，喊口渴，我說沒錢，待會上樓喝開水。

「怎麼都沒看過你先生？」阿桑親切的問我。阿桑的店是一個八卦交流中心，想知道昨晚那一戶人家吵架，或是被趕出來哭得非常淒厲的是那一家小孩，來問阿桑，都會得到一個滿意的答案。

「有啦，假日他常常下來，開一輛大轎車，載一些吃的穿的來，我還曾帶他來跟妳買早餐，妳忘記了？」

「沒啥印象呢……」阿桑皺著眉，努力想。

豆的便這一兩天又不順了，還喜歡吃油炸的東西，我

請阿桑再幫豆炸一小塊地瓜。豆抗議說，地瓜不是他點的，要我
自己負責把地瓜吃掉。

　　「有東西吃要說什麼？什麼東西都要
吃，你忘了？」我提醒豆，但豆根本不
理我。付帳時，問阿桑多少錢？

　　「十五塊！」

　　「一塊米糕十五塊，再加一
塊地瓜還是十五塊？阿桑妳按怎算的？」我不解。

　　「按呢就好啦。」阿桑憐憫的看著豆。突然我明白一切，阿桑看我們吃得省，
我又跟豆說沒錢買飲料，先生也不在身邊，阿桑以為我們經濟很拮据。

　　「阿桑，不是這樣的啦，我只是要教小孩節儉，其實我們沒那麼困難的，他阿
媽每次下來幫孫子買衣服，一買就是五、六千塊。我只是不要孩子過得太浪費罷
了。」我多擺五塊錢在桌上，帶豆上樓，唉！五塊錢！

＊　　　　　　＊　　　　　　＊

　　今天帶豆下樓吃米糕時，阿桑的米糕賣完了，豆不可置信的瞪大眼：「阿婆，
妳為什麼沒米糕了？」豆幾乎要哭出聲，扭賴在地上。

　　「歹勢啦，剛好賣完了，下次再記得留給你吃啦！」阿桑覺得很愧疚。

　　「下次妳要做十塊給我吃！」

　　「好啦，我再做十塊請你吃啦！」

　　「妳要做那麼多米糕，妳會很辛苦！」

　　「不會啦，答應你了咩！」

　　「可是，我現在沒米糕吃！我要吃米糕啦！嗚……媽咪……」豆賴著不走，別
種炸粿豆又不吃。我想到昨天才從大雅拿回來，小媽自製的紫糯米米糕，問阿桑能

否幫忙炸給豆吃，阿桑爽快的答應了。我趕回樓上拿了米糕下樓請阿桑炸。

炸好端上桌，豆一看：「媽咪，這是什麼東西啦，妳都黑白拿東西來炸給我吃！」

「豆，媽咪不是黑白拿，只是這款米糕是黑色的。」顏色是比赤糖米糕深一點罷！

「我不要黑的米糕啦！」

「媽咪不是說，有東西吃要怎樣？」搬出我的法寶，唸咒語。

「我今天一點都不想要感謝！」豆嘟著小嘴說得乾淨俐落。完了！標語口號竟然被質疑了！

「不可以這麼沒禮貌，先吃一口再說要不要吃！」我叉了一小塊遞到豆的面前，豆躲不掉，閉起眼睛不得已張開嘴，好像要吞毒藥一樣，心一橫一口咬去。吃出了滋味，慢慢接受紫糯米米糕。只是邊吃邊唸：「這米糕一定是在家裡放太久了，有股奇怪的味道。」不理他，仍為豆額外要了一塊炸地瓜，既然要吃油炸的東西，好歹多吃一點含纖維的吧！

「豆，這地瓜很好吃，你吃一口看看？」

「我不要吃地瓜，我要吃薯條！」

「好，豆，這薯條很好吃，你吃看看！」豆連吃了兩塊地瓜，然後跟我說，今天的薯條比米糕好吃。

床位

「豆，請你把床鋪上的玩具收一收，不然待會媽咪要睡時沒位置睡！」窄小的房間，床上亂著一堆故事書、模型車、填充玩具、積木，棉被則像一團小山擠塞在床的一角，好大一部分已垂拖到地。

「媽咪，妳電腦打一打就會在椅子上睡著，妳不用睡床的啦！」豆在挖苦我。

「清一塊空間給我睡啦！」我哀求豆。

「媽咪，我們隨便睡好了，妳隨便找一個地方，有空位就躺下來睡！」豆說完自己都哈哈大笑，還是把玩具收一收，清出一個空曠的床位給我！

「媽咪，我讓妳打一下電腦，讓妳做妳愛做的事，這樣有尊重妳嗎？」說完，過來親一下我的臉：「媽咪，我愛妳！我最愛妳了！」

「愛你，愛你……」嘴巴回豆，手還忙著敲鍵盤。

「媽咪，妳沒看著我說！」豆抗議，我趕緊回頭，看著豆：「媽咪愛你！」還附贈一個甜美的笑。

「愛妳，晚安！」豆拉好被子，自己乖乖的去睡。愛你，媽咪真的愛你！

與豆談生死

中午吃過飯，豆鬧著阿評帶他去小公園踢足球，阿評受不住，允豆電視看個段落再出去。我則先行下樓去買米、拿相片。

晃回來，上到三樓，聽到豆與阿評吱吱喳喳剛要出門，旋即一聲痛徹心肺的尖叫傳來，是豆的哭號，夾到指頭了嗎？我摒住氣衝到五樓，樓梯間沒開燈淒黑一片，阿評早抱起豆回屋子，我跟進門：「怎麼啦？」想弄清楚狀況。豆痛哭失聲，一聲聲的尖叫，喊出他的痛苦。以豆耐疼的功力，光聽那聲調，知道這次真的嚴重了！

「他跌落樓梯、挫到背脊了！」阿評將哀號的豆趴放在沙發上，掀開衣服檢查傷勢。我趕緊拿了冰枕過來，只見豆的背脊青腫一片、隔著衣服還擦破皮，豆仍哭得無法自己。我一面冰敷一面要豆動動雙腳，豆哭得聲嘶力竭，雙腳還能動，好，不礙事，哭吧！

豆哭了好一陣，還不停，裡面除了痛，還有很多是額外的情緒。不耐煩豆的哭

160

聲，我拿起房地產廣告在一旁讀，不想理豆。阿評不忍，抱豆回房間，繼續陪著他，與豆說著身體組織、骨頭結構什麼的。

等豆哭個段落，我再進房看豆，豆的情緒已平靜了，看到我，忍不住又哭出來：「我不要死！我絕對不要死！」豆的哭聲裡有認真深刻的恐懼。這是豆最近發出的訊息，面對死亡的恐懼。

「怕死，就要把自己照顧好！」以前跟他說，每一個人都會死，爸媽會死、他養的小魚也會死，豆不願接受，聽了更絕望害怕，這次轉個溫和的方向回答他，不再要他接受殘忍的現實。

「把自己照顧好就不會死了嗎？」豆就是不接受死亡，我不回他。

「爸爸媽媽死了，埋在土裡以後，還會生一個原來的我嗎？」豆繼續問著。

「死了就生不出東西了。」不曉得怎麼回豆。

「那我如果死了，要怎樣生新的？」豆的疑問充滿了焦慮。

「死了什麼都沒有了，不會再生一個新的你了。」題庫用完了，直接回答。

「那我怎麼辦？死了，就無人了？我不要，我絕對不要死！」豆哀求著。

「怕死，那活著的時候就活得快樂一些，不要常生氣、常傷心，去想想怎麼把自己活得好，活得快樂、活得能去愛人、幫助人。死了，就沒有了，

不用去想。」

「活好一點就不會死了嗎？」

「不是不會死，活好一點，就比較有價值。」

「活得有價值是什麼？」

「就是讓你的生命比較有意義！」

「什麼是意義？」

「要不要去吃完你的麵？」活的意義是什麼？豆的肉燥麵還沒吃完，擱在桌上一碗，我還在傷腦筋怎麼去處理呢？意義？先解決那油膩的麵碗再說吧！

怕死的人會惜生，一個五歲的娃，怕死怕到如此認真，優秀！但願豆惜生的方向是正確的。如果真只是怕死，怕一個生命的結束，不能領悟到一些生命的實質，惜生也不過是惜一個量的延長，那意思就淡薄多了。會怕就好，至少懂得謙遜、懂得尊重了。

逃命

豆電視看多了，有事沒事冒出一堆幻想的東西嚇自己。比如說他得了不知名的病，摀著心臟說自己就要死了！或是他被壞人捉走時，要我把他救回來……；再不，神情慌張的跑過來，摟住我的脖子，要求我火燒厝時一定要救他一起走！

前兩項不是我能力所及，就隨便唬唬著，最後一項，好像有發生的可能，趕緊掰開豆的手告訴他：

「火燒厝時，我要自己先逃命，你自己也趕快逃，別指望媽咪會去救你！我不是說，要先把自己照顧好、再去幫助人嗎？媽咪得先照顧好自己，所以媽咪會先逃，你自己也想辦法快逃！」還好他提出來了，還好我也先把責任撇清丟還給他，

再來燒死了，真的不干我的事！

母子雖是同林鳥，大難來時各自飛！先飛要緊了，那顧得了誰！就像走在路上要我等他，我硬是邁著不變的步伐，要他自己跟上來！等？等什麼？沒那麼多生命停下來等！就算我等得，別人可等得？

生 病

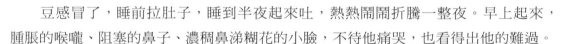

豆感冒了，睡前拉肚子，睡到半夜起來吐，熱熱鬧鬧折騰一整夜。早上起來，腫脹的喉嚨、阻塞的鼻子、濃稠鼻涕糊花的小臉，不待他痛哭，也看得出他的難過。

豆又急又氣，跺著腳嘶喊：「我不要生病！我不要感冒！我不要我的鼻子塞住了，嗚……嗚……嗚……」又帶出更大一坨的口水鼻涕。

我穩當的在一旁喝著我的咖啡，抱臂冷觀：「每一個人都會生病！每一個人都會死！」豆那聽得進去，就是哭！

以母乳灌溉的豆，生病的機率極少，健康慣了，就以為自己是百病不生的超人！一遇到病痛，開始執著健康那個「常」，不接受「無常」的病痛了。就像那個青蛙實驗，一開始丟在冷水慢慢加溫，溫到煮沸熟死，青蛙都還死得很「溫心」；如果一開始就把青蛙直接丟進滾燙的開水，青蛙會痛得死命跳動掙扎，此刻的豆就像那隻

痛苦掙扎的青蛙！

　　我要豆試試精神勝利法，這一次，豆有他「自己」了，會判斷、會質疑、會反抗（以他五歲的智力），結果，勝利法不管用了！我心裡暗驚：人的意志力是很驚人的，就像宗教信仰一樣，直直信去，保證一路坦順，但只要有一點點的遲疑，那個神奇力量完全消失！

　　豆不接受自己身上的病痛，此刻看他的情緒，除了身體的難過以外，還有極大的憤怒，憤怒沒經過他的允許就擅自入侵的「感冒」！難過身體的不適，那是正常；處方是：往內調整、靜心接受。但那個向外的憤怒，完全是不智、浪費的！豆當然不會曉得這些往內向外的道理，就像唐吉訶德奮戰著風車那個假想敵，耗損力氣、累垮自己，延宕身體復原的時間！

　　豆的心凝怒在那裡，有太多的雜音，而且也不屑再跟我唸：「我是一個健康快樂的孩子！我的身體一點也不痛！」豆已無法靜下來自我說服、自我催眠。無法與物（病）一體，他內心就會有兩個東西（我、病）在那角抗著，將自身弄成一個戰場，那場面能不慘烈嗎？

　　不讓豆卡在那裡作無謂的掙扎，更懶得處理他負面且完全不必要的情緒，分他一、兩口手中的咖啡（沒感冒藥，充著，平日是嚴禁他沾半口的）讓他驚喜一下，然後要他直接去玩PS過關去，今天不必先讀英文或吃個東西。豆果然一頭埋進去！把情緒轉移掉，直接進入忘我的境界，忘我就忘痛！忘痛自然忽略時間的經過。豆無法忘形，就要他忘心，唯有身心合一，往那個方向都好，才有辦法有效的前進。

　　五歲的娃，要他忘我，投入遊戲是一個方法。十歲或二十歲，那時的心更雜，我執、執著得更嚴重，要忘我就不是那麼容易了。不忘我，就會掙扎，越掙扎越痛苦，因為時時讀著痛苦，把痛苦加倍了。看那一天豆的程度和能耐都夠了，教他精神超越法，不是勝利、也不是忘我；勝利的話，還得戰鬥一個物才會有勝利；忘

我，容易以忽略外物作為膨漲驕傲的自我。那個精神超越，是超越身體的極限，處在精神流行的一個境界。講容易，我自己也只試過一兩回，而且不容易固持在那個境，還是會下來的。

例如，感冒發燒到全身癱軟、神智不清，仍是撐起自己戴上口罩照常到安親班教課，心裡要持住在一個不卑不亢的感覺，自哀自憐自大自傲都不行，超越身體的病痛，直接以精神掌舵，掌舵自己「如常」！好玩吧？真的很好玩！不必哭、不必笑的，在那個時候。

或是打球打扭了手，繼續打，打給它斷，打不斷的話，賺了多打的那些球；打斷的話，提早休兵，多賺了休息！一樣，心裡在這個時候還是不必哭、不必笑！手會不會痛？會！理不理它？要理！以理智不以情緒，即是痛手不痛心，然後，照「常」！差別在那裡？裡面有一個我，真實、理性、悠遊的我！

哈！向上帝禱告，如何分辨何時要用超越、何時要與物推移、何時要正反合身心合一。練習，用一次有一次的經驗，用久了，變成自身內在的功夫，到時天人合一，天德自然流行，就不會再傷腦筋了！臨境任其自然反應，連思考都不必了！再聽我扯吧！

上學囉！

超幸福媽媽守則二十二

孩子剛上學不懂規矩，考試作弊卻怪同學小氣不讓看，不肯
幫助人。處罰他嗎？不！看事情要看得到核心，不要過於專
注在手段技術上。

超幸福媽媽守則二十三

孩子換下襪子不是反面就是一坨球時，看著心裡實在不舒
服。每天唸他嗎？不！就讓它是反面吧！反正是穿在他身
上，不舒服的是他，他要是沒感覺，我又何必不舒服？再
說，反襪子穿上去，等脫下來就會變正了，反反正正，一定
會有正的時候。想到這裡，我心裡比較舒坦了。

超幸福媽媽守則二十四

教孩子功課難免一肚子火，要想辦法讓自己平靜下來，以免
造成孩子更不喜歡寫功課，後續的發展恐怕事情會更大條！

第一次上學

　　豆要上小學了，以前沒唸過幼稚園，一開學狀況百出。第一天三代同堂，大夥跟著豆一起去學校。辦好了手續、繳了雜費，我告訴豆，你留下來上課，我要先回家了。才一轉身，豆拉著我的衣角：「我跟妳回去吧！這裡看起來好像很無聊！」我一腳把豆踹回去，別傻了！

　　放學的時候，老師帶著長長的路隊走出校門，活生生豆就走丟了！台語叫做「搞粉鳥」，豆被其他班級的隊伍混走了。接下來幾天，豆每天都很興奮的回來告訴我學校的生活，完全沒有認生或不適。比如，老師很喜歡他，上課都一直喊著他的名字，「老師喊你的名字作啥啊？」豆臉上洋溢著一股甜蜜的幸福：「老師都叫我『要坐好！』」

　　有兒第一次上學，我心裡也跟著興奮莫名，每天接送上下學。直到有一天，我到接送區時，只剩老師和一、兩名學生，沒看到豆。

　　「老師，請問林懇呢？」

　　「林懇有下來，跟佩瑜一起，那兩個哦！啊，他剛才跟我說，媽媽已經來了，跟我說再見就回去了啊！您沒看見嗎？」賴老師很客氣的跟我打招呼。

　　「呵！呵！您忙！我自己去找！」老戲碼重演？又走丟了？心裡沒啥嘀咕，學校前後找一找，找不到！又回到接送區，只剩下賴老師，所有的學生都讓家長接走了。我一路走來，都沒有兒子的蹤跡，而且，沒讓他自己獨自走回家過。

　　「怎麼辦？他會不會自己回去啊？走丟了怎辦？」賴老師開始緊張了。

　　「我也不知道，走丟了也是命吧！」嘴上這麼回著，腎上腺素卻開始湧出來。

　　這時老師湊到我的耳邊：「林太太，您兒子都沒穿內褲！」老師好像發現新大

168

陸一般跟我報告。接著又說：「他都還沒到廁所就把小鳥拉出來了！」

豆的確不穿內褲，而且想上廁所時，馬上掀出小鳥，一路晃盪到廁所，可以想見，豆在學校溜鳥的模樣。

「呵！呵！呵！」不曉得要回老師什麼，在家就是這個模樣，也沒講過他。

「還有，今天他又跟佩瑜去玩，玩到上課都遲到了，我罰他，第三節下課不准他離開！」嘴唇要抿不抿，說得很用力，還小心翼翼的搜讀我臉上有否任何不悅的訊息。

「呵！呵！您用力罰吧！」我比較掛心孩子現在在那裡？

「找不到林懇，怎麼辦？妳不擔心啊？」賴老師終於想起來轉回正題。

「找嘸？都是命啦！」我又嘴硬。

「小孩找不到妳，怎麼辦？他會自己回家嗎？」賴老師開始慌了。

「我沒讓他試過，家是住很近，老師若再看到他，請他自己回家！」我……準備回家找孩子，家裡沒人，豆身無分文，也沒鑰匙……

「林懇會不會害怕，他會不會哭啊？」賴老師快哭出來了！

「也只好讓他承擔了！」我仍是一臉鎮定，是太相信豆了，還是心真的如此麻木。林懇！到底跑去那了？

「那我待會再打電話去妳家問孩子到家沒？」賴老師仍是相當的關心。

「好，再麻煩您了！」我迅速往回家的路上找孩子。一路上，沒啥思緒，太陽很大，我撐著紅色的傘，不曉得隔不隔紫外線？一路上東張西望，搜尋豆的蹤影，除了艷毒的陽光，什麼都沒有。到家樓下，一個不曉得是淚還是汗流滿面的妖怪，奮力的甩打著水壺：「為啥不開門！我敲好久ㄋㄟ！」豆紅通通的臉，快氣炸了！

「你怎麼沒在學校等我？」看到豆，此時我只有安慰、寬心，沒其他的情緒。

「妳太慢來了！等妳等好久，我就自己回來了！我上樓敲門，妳都不開！妳是

在照顧妳的小南瓜是不是！」豆氣得吼回來！

「我去學校接你，沒人在家！回來就好！我打把鑰匙給你，下次你若先回來，進門後就打手機給我！」邊哄邊拎他上樓。

「我以為妳躲在裡面只顧妳的小南瓜，都不開門！」

小南瓜……，我種的小南瓜發芽了，一夜之間，真的好神奇！不一會兒，賴老師果真來電，我告知林懇已平安到家，賴老師仍是關切：「告訴林懇，不要再做這種事了，我都快嚇死了！」電話彼端鬆了一口氣。

「哈！哈！哈！他母親都不睬他了，您煩惱伊！」我是壞人！

「賣按呢啦！妳才一個這麼古錐的囡仔！妳攏不煩惱？」

「謝謝您，我會好好教導！」古錐？送妳？掛了電話，

「林——懇——！」

「按諾（怎樣）？」

「老師講你沒穿內褲，還未走到便所，小鳥就拖出來了！」

「嘻嘻嘻！是嗎？」眼睛盯著電視，沒認真回我。

因為有這次意外，讓我知道豆可以自己走回家，本來還會擔心他在路上不安全，現在呢，該是放手的時候了。開學不到兩星期，我讓豆自己走路上下學了。

嘔吐菜

「媽咪，這是不是剩菜？」豆用湯匙攪拌著剛微波好的咖哩飯。每次豆下課回來，肚子都餓咕咕的，事先我都準備好了午餐等他，回來洗了手就可馬上吃飯。

「哪……哪會是剩……菜？」我吱吱唔唔，因為心虛，所以大聲回著。我實在是不會做飯，連我自己該吃什麼我都不知道，更何況餵一個小孩。混著紫糯米裡的

雜糧飯，顏色是很詭異的，又加上一些冷凍的玉米、豆子，阿評都戲稱我弄的是狗飼料。好在，豆從小就吃這些飼料長大，他也習慣了。上次抗議青椒生吃已經吃膩了，能不能換點別的，比如花椰菜？我想，花椰菜還要煮……

「好，我去買花椰菜，但也像青椒一樣，洗一洗剝了就吃，你要不要？」

豆的表情遲疑了一下，花椰菜生吃？「算了，那還是吃青椒吧！」就這樣，每次我就煮一鍋咖哩或是一鍋紅燒肉，吃個一、兩天。

「昨天煮的，今天就是剩菜！卡通裡有一個人物叫做科馬非，他說剩菜就是嘔吐菜。」豆接續剛的話題，說完，得意的挖一口「嘔吐菜」往嘴裡送。我都不敢吭

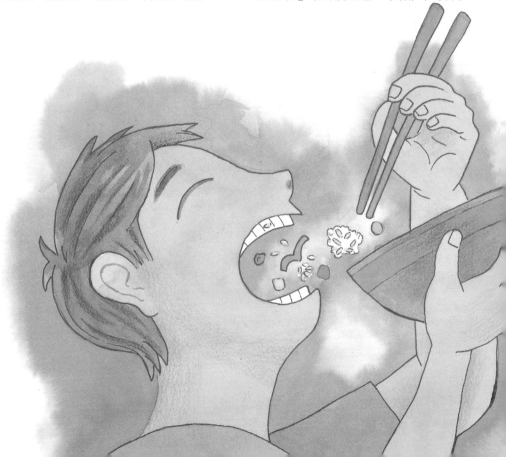

聲，虔誠的注視豆大口大口把咖哩飯扒進嘴裡。

「好吃嗎？」我怯怯的問。以前豆都是這麼吃的，從來沒意見，原來是看了卡通！

「嗯！太好吃了！我餓死了！」扒！扒！扒！又划進三口。

「呼！」我鬆了一口氣，好多了，不然冰箱那一大鍋，好吃就好，管它什麼嘔吐菜！那個卡通？科馬非？什麼東西嘛！

獨立

昨天中午，突然下大雨，豆沒帶雨具去學校，接近放學時間，我無預警的跑去接豆。那知豆看到我，卻像乩童一樣開始暴跳大怒！罵我：「妳……妳……為什麼要跑來接我？害我不能一個人回家！」

我臉上堆著些許歉意，開始編藉口：「我不是要來接你，我只是下來買東西，順便過來跟佩瑜的媽媽聊天！」

豆仍是不放過我：「妳為什麼不在家煮飯？收衣服、照顧妳的小南瓜？妳為什麼要跑來破壞我一個人回家！現在我沒辦法一個人回家了啦！」一邊走一邊罵。

我被罵得毫無招架：「你還是可以一個人回去啊！我可以走不同的路，不會妨礙你。」說完，我讓豆一個人過馬路，我在路的這端等著，不跟上前打擾他。豆過了三分之一路，一看我沒跟上，立刻調頭，用力的扯著我過馬路。他拉我的力道，是一種簡潔有力，有目標、有理想的青年，霸氣的帶領一位不知所措的老嫗。我被拉的時候，有一股很大的感動，像一個茫茫佇立十字路口找不到方向的迷失者，被一股堅定的力量帶出迷惘一般，且這一拉，除了帶領還有強力的保護，意思是：跟著我！

這感動沒多久，一過到路的另一頭，豆仍是不鬆口繼續開罵！我受不了，開始

拿出母親的權威想用口頭暴力壓他。豆不服，依
然拗著。照著他原本的計畫，他放學後是要到便
利商店買熱狗麵包，我知道，我也跟著拐進便利商
店，一方面想買膠水，一方面也想幫他買麵包。豆的個兒矮
小，拿不到麵包，我知道中午時段便利商店是很忙的，大概沒人
有空幫他。我一邊買，豆仍是不停歇的抱怨怒罵，一直逼問我為什麼。

　　結好帳，我再也忍不住：「你聽好，因為下雨，我怕你沒帶傘淋濕了，我
只是想拿傘來接你回去，就這麼簡單，你為什麼要把我罵成這樣子？你可以用這種
態度與母親說話嗎？」

　　「我有戴帽子，頭不會淋濕！」

　　「但是身體會濕啊！你感冒，又淋雨，會太冷啦！」

　　「我不怕冷，感冒頭也不痛了，就算淋雨，妳不知道我喜歡踩水玩水嗎！」豆
答得擲地有聲。唉！自作孽哦！飼子要死（養孩子要死哦！活受罪）！

　　即使雙方都不太接受彼此的理由、情緒，我們還是回到家，我一面跟他道歉，
也一直跟他強調，我們一定要這樣大聲嚷嚷，不過平安幸福的日子？比如回來安心
的把熱狗麵包吃完？

　　白天紛擾的氣氛到晚上逐漸平息，豆洗好澡，還光著身子，要求我過去親他一
個，我當然前嫌盡釋的跑過去熱烈的親他一個，並且有感而發：「以後你就不會讓
我這麼親你了！親了，你老婆也會不高興！」

　　「那……我就會煮一頓飯，好好的補償阮某，也補償妳……我也不要娶一個壞
脾氣的老婆，這樣，我還是可以親妳了啊！」說完，馬上回親我好幾下。我只差沒
熱淚盈眶！是怎樣的一位天使？他已試著用理性的態度去面對問題、解決問題，裡
面有等差的親情、有溫馨的理性，一個六歲的赤子。

自然烏

豆放學回來，吃飽飯，賴在床上滾來滾去。本想過去與他混一混，仔細一看，他兩條腿髒得不像話。

「豆，你的腳怎這麼烏（髒）？」

「哪有！那是自然烏！」

「什麼是自然烏？」是走路跌倒？還是玩耍玩的？

「妳要親我一下，我才告訴妳！」

親？一條髒兮兮的癩皮狗滾在床上，我應該是一腳把他踹下床！但是……「嗯……啵！好，我親好了，什麼是自然烏？」好奇心促使我急著想知道答案。

「自然烏就是太陽曬的啦！」豆答得老氣橫秋。

「太陽曬？」髒得卡著一層斑駁的泥沙，曬個頭啦！我極度無力的離開，我真傻，還純情的親他一個，想等一個寫實的答案，唉！養他養這麼久，怎還不知他是個鬼話連篇的傢伙，吼！氣「屎」人了！

有的沒的

「喂——有人在嗎——？」豆放學回家，從樓下喊上來。有幾次我外出採訪，換阿評在家等豆，豆一拐出巷口就「媽——咪！媽——咪！」大聲喊，喊得阿評血壓升高，說那喊法好像出人命一樣，可怕到極點！現在豆不太喊媽咪，可是不喊，又好像什麼儀式沒開始。

「喂——有人在嗎——？」豆回來了。

「在啦！快點上來！」我從五樓答他，壓低了聲量，雖然是大白天，也怕吵到人。

「喂！麻糬！妳動作怎這麼慢！」

「別吵了！碗粿！快點回來！」

此後，麻糬、碗粿變成我倆的暗號，也是通關密語。

「豆啊！吃飯要坐好！你在學校上課也坐歪歪的嗎？」阿評看豆沒坐好，指正豆。

「阿評，妳不要想得太天真了！才不是這樣呢！」豆反駁她。

「…………」阿評很無力，不曉得該回什麼。

「豆啊，你到學校都學些什麼？」阿評仍是好奇的問。

「嗯……有的沒的！」豆的坦誠答案。

「學校的老師都教有的沒的？」我們聽了一臉的扭曲。

拔 牙

昨天下午忙回來時，阿評跟我說，豆自己一個在房間裡找了一支拔眉毛的夾子，開始拔那顆搖搖晃晃的門牙。

我進門一探，豆馬上過來要求我幫他拔牙！我說沒工具，讓它自己掉！豆對那搖晃的門牙感覺不舒服，堅持要我幫他拔下來，我找不到工具，豆說，用指甲剪。我回瞪他：少在那黑白講！

豆仍是吵著要拔牙，我在工具箱裡翻出一支咬合不整的尖嘴鉗（錯誤動作，請勿模仿），豆一看：「哇！那太危險了吧！」

「少囉唆！要拔不拔？」

「嗯……嗯……好……吧！」

我在水龍頭底下把尖嘴鉗沖一沖，夾緊小子的門牙用力一扯！滑了！尖嘴鉗咬

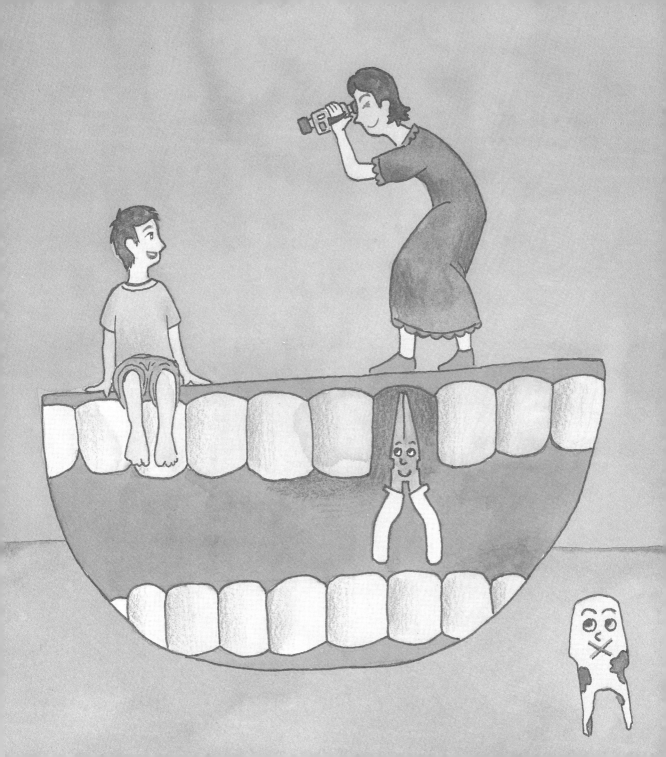

不緊，沒法拔。

豆跳腳：「幫我拔掉啦！」

我看那牙也是晃得差不多了，只好試著徒手用力的去扭，感覺根筋一斷，牙齒應聲落下！那妖怪樂得拿起落齒去沖洗，也不喊疼，拿了半杯水自個漱口去，沒再吭半聲。

豆第一顆牙搖晃的時候，以我小時候的經驗，我是讓它自己掉下來。但婆婆堅持要帶到齒科讓醫生處理，押著我們母子上牙科。不過拔牙的過程沒處理好，回來，豆的嘴唇開始腫起來，回頭找醫生，醫生說小孩自己咬腫的，上了藥簡單的處理，回來竟然連臉頰肉都潰爛。我有點生氣了，又回去找醫生，換了另一位，一樣上了藥，這次連舌頭都潰爛了！豆整個臉腫得像豬頭，咿咿呀呀完全無法吃東西。整整一個星期，只能用吸管小口小口吸著燕麥粥。其間我有用V8把這段影片紀錄下來，鏡中的主角情緒還好，可是看在外人眼裡，真是心疼到家了。婆婆那邊的親戚有人在做齒模，一看就知道是工具沒消毒好，引起的感染。大家看著豬頭豆，都嚷嚷，現在閒著沒事做，不來告告醫生哪行！電視上不都是這麼播的？我仍是笑笑，去找醫生罵一頓，叮嚀他們得把工作做好，別再讓下一位孩子受苦了，我耐著性，讓豆自己好。

尿床

「豆，洗衣籃裡怎麼多一條內褲？」

「那是我昨晚尿床換的！」說完拉著我進房間 ，找到尿騷了的枕頭要我聞。

「咦？怎只換內褲，外褲免換嗎？」

「那尿是從外褲的褲管漏出去的，所以外褲沒濕，免換！」

「哦，所以你繼續穿著這條褲子去上學？」我聞得到豆身上的尿騷味。

「是呀！」

我拿著那佈滿尿騷味的枕頭，用力想像那尿該怎個漏法，才可以閃過外褲而不會弄濕？難道豆的小鳥會轉彎？

作弊

「媽咪呀！今天我考試考九十二分耶！」豆一進門，高興的向我報告。

「九十二分！好厲害哦！」我的訝異勝過我的興奮。平常他幾乎一個字都寫不出來，考了幾次試，因為分數太低，老師連分數都不打，怕難看，把它當作練習，這次怎麼可能考九十二？

「豆啊！你考試有看別人的嗎？」我是想尊重他，可是……還是不太相信。

「有啊！沒看別人我怎麼寫！那個同學還把考卷蓋起來不讓我看，真是的！害我只看到一角角。」

答案揭曉，我的天啊！這一驚非同小可：「豆啊！考試是不能看別人的，知不知道啊？」那個小子沒上過學，什麼規矩一概不懂。

「為什麼？同學還很小氣呢！妳不是說要幫助人嗎？我不會寫，她應該要幫我啊？」豆仍在狀況外。

「考試是要測試你的程度，不能看別人的，看別人的就不對了！知不知道？」我急了，不曉得怎麼告訴他事情的嚴重性。趕忙打個電話與賴老師聯絡，說豆考試看同學的考卷。竟然，賴老師說，大家都當過學生，誰沒作過弊，只要不太過分，不是惡劣到理所當然，那也是學生生存的伎倆。優秀啊！賴老師！

雖然賴老師讓我覺得很寬心，但我還是狠狠的把豆訓了一頓。一方面又很慶

幸，豆能遇到這麼一位卓越的教育學者，看得到事情的核心，而不會太專注在手段技術上。豆啊！你真的是太幸運了，真是感謝！

漢堡

中午，我在陽台上等放學的豆，明明就看到豆從巷子轉出來了，硬生生就跟著一群狐群狗黨轉到三采大樓去，叫都叫不回來！等得有點氣了，才見豆從大樓晃出來！回來，問他：「你剛進三采大樓去做啥？」

「我交了新朋友，到朋友住的地方去認識一下警衛伯伯。」手上還多出了一個漢堡。

「是剛回家途中，早餐店阿姨多做的，拿出來說要送給我們這些小朋友吃。真是抱歉啦！今天不吃妳做的午餐了，因為我要吃這個好吃的漢堡！」旋即咬了一大口漢堡，把小嘴塞得滿滿的，我擋都來不及擋！

我遲疑了一下，讓他吃，但還是對他下一個但書：「以後拿到陌生人的食物得帶回家吃，如果要到陌生人家裡去吃，就不准去！得回答說，『媽媽還在家裡等。』」這歹徒完全沒在聽我講，看他大口大口咬著漢堡，咿咿嗯嗯，沙拉醬糊了一圈白鬍子！我看，早晚就會被一顆糖或一個漢堡拐走，不用抱太大希望，那個白痴！

販賣機

昨天豆放學回來，從樓下開始就一直嚷嚷要零用錢讓他去販賣機買飲料。我理都不理，把他吼上來要他洗手吃飯。他吃飽賴了一個多小時，說好要做功課，卻漸漸的想睡覺了！

「喂！你說要做功課了，怎睡著了！」我粗聲大氣的把他從被窩挖起來。

「我愛睏啦！」豆一臉疲憊。

「不行！剛吃飽要你寫，你說要先休息。現在休息好了，又要繼續睡，起來寫！」怕他中午一睡，晚上會混到十二點才倦，第二天起不來更痛苦。

「哦，我愛睏啦！嗚……嗚……」邊跺腳邊把功課拿出來，使著性子在那嘔氣。我不理他，去看我的電視。恐嚇他，三點前不寫好，我直接拿不求人衝進來打！豆在房裡奮戰半天，氣得把作業塗得一抹一抹。最後還是把功課作好了。我火他態度不佳，今天不准看電視，他也服，不再囉嗦。但是，又跟我吵著讓他去販賣機買飲料，吼！

「待會阿評要出去時，看她要不要帶你出去逛一逛，不要再吵我了！」豆聽了我的話，扣！扣！扣！去敲阿評的房門。

「阿評，妳待會可以帶我去販賣機買飲料嘸？」

「販賣機在那？」

「在有樹那邊啊！旁邊也有房子那裡啊！」

「你這樣講我聽嘸！到處都有樹有房子，你去畫圖，畫好再來告訴我！」

豆問我要了張紙，唏哩呼嚕畫一通，又去找阿評：「阿評，販賣機在這兒！」

「在哪？家在哪？學校在哪？」阿評穩住耐性，先把大目標確定好。

「這裡啊！這裡啊！就這樣走再彎過去。」豆的頭埋進圖裡，仔細說分明。

「哪裡啊？這是學校，這是羅米亞，這是7-eleven，這是三采阿姨，販賣機在那裡？」阿評把從學校到家裡的路線再重畫一次，豆卻指不出販賣機到底是在那裡。豆垂頭喪氣回到房裡。我不忍心，拿起豆的地圖，「來，你告訴我，家在那

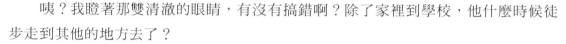

裡，你都怎麼走去學校？」換我問。

「我都這樣走！」豆用指頭走一次，完全正確。

「好，那你的販賣機在那裡？」

「不在地圖上，阿評沒畫出來，它跟學校相反方向！」
豆說出實情。

咦？我瞪著那雙清澈的眼睛，有沒有搞錯啊？除了家裡到學校，他什麼時候徒步走到其他的地方去了？

「反方向？往這邊是中興游泳池，這裡有樹，有時媽咪會把車停在樹下。」充滿著疑惑，我把地圖擴大範圍畫出來。

「對啦！就是這裡，上次舅舅把車子停在這裡，在角落裡有一台販賣機！」豆像是發現新大陸，興奮的比劃著。我們的地點終於吻合了，但是……，那是一座廢棄的倉庫，人煙稀少，還有販賣機嗎？阿評聽我們找到了地點，又把豆叫過去核對。我還是不放心：「阿評，那兒有販賣機嗎？」

「以前有一台，可是……好像沒在販賣了……」阿評也不確定。倒是豆樂得噥，他把地圖塞進書包裡，嘴裡喃喃：「我要帶著背包，這樣裝備才齊全，才可以去冒險！」

阿評一看豆扛著書包，臉上表情開始不自然，天啊！不過買個飲料，需要重裝備嗎？

「去！去把書包放好，不用帶書包！」

「可是，探險都要帶背包……」豆不放棄，努力爭取著。

「你帶書包，我就不帶你去！」

「哦……」豆無奈的把書包放下，走到鞋櫃，要穿球鞋。

「穿拖鞋就好了啦！又沒要去哪！」阿評看看豆的陣仗。

「我是要去探險，不能穿拖鞋！」豆用哀怨的眼光乞求阿評。

「唉！緊啦（快點）！緊啦！」

豆果然買了可樂回來。但，不在他說的那個點，是阿評再帶著他繞到別的地方買到的。唉，問道於盲！

下毒

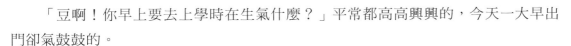

「豆啊！你早上要去上學時在生氣什麼？」平常都高高興興的，今天一大早出門卻氣鼓鼓的。

「我皮帶紮不好啦！」豆放學回來一進門，開始打開話匣子，把早上的謎底揭曉。

「紮不好，請媽咪幫你弄，不要一起床就像一隻氣龜！要快快樂樂出門，知道嗎？」

「哦！」開始沿路脫衣、卸書包……

「衣服換換、手洗洗，快來吃炒飯了！我還以為你早上又看了電視，看太多來不及上學了，在那邊緊張生氣！」

「我沒有看電視！」豆停止所有動作，一股腦兒衝到我面前來抗議。

「真的沒有嗎？我好像有聽到吵雜的聲音！」我輕輕的說著，也沒有很確定豆是否看了電視。

「我沒有看電視，我是皮帶紮不好，弄出來的聲音。」豆已經氣得像隻河豚了。可是，有時豆會睜眼說瞎話，這次……好吧！尊重他比較重要，有沒有看電視嘛……

「好啦！好啦！你沒看，快去吃飯吧！」我未審先判，以原諒他的高姿態結束爭辯。

「我明明沒看電視！哼！我就知道！妳不愛我！」豆聽得出我語氣中對他的敷

衍不信任，生氣了。

「咦？我也沒說我愛你！」受到豆的指控，我惱羞成怒。我的懷疑也沒得到證實，你又氣啥喲！

「妳一定在炒飯裡下毒！」豆一聽到我說不愛他，迅速做了反應。

「下毒？哈！哈！哈！」我的反射動作竟然是哈哈大笑！下毒？從那裡冒出來的想法，吃你的飯吧！我還給你放蠱下符咧！真要毒你，你那條小命夠毒幾次？什麼跟什麼嘛！

買蛋

「豆啊！媽咪要炒飯，沒蛋了，你下樓去幫媽咪買好不好？」

「OK！」豆爽快的答應了。我趕快拿了錢，遞給他一只布袋子好裝蛋。

「走路要小心，過馬路不能用跑的，要看有沒有車子哦！」作母親的一定都是這麼囉唆。豆早已奔出門，不曉得下到那一樓了。

不一會兒，豆回來了，一進門，沒那麼輕快了：「媽咪呀！蛋破了耶！」豆力求說話的語氣平穩。

「破了！怎會破了？」我盡力把忍不住飆高的音調壓下來！

「我拿了蛋，拿一拿，它就破了！」豆裝得事不關己。但有一個目擊證人跟著後面進來，說：「他幫雞蛋盪鞦韆，甩得太高了，不曉得是敲到牆壁還是樓梯扶手。」宜香剛好下去倒垃圾，看到整個經過。我趕快把布袋子拿到水槽，看看戰況多慘烈。一、二、三，十個蛋，竟破了三個！

「豆啊！你怎弄的，十個蛋就破了三個！」我的鼻孔不由自主的撐大，頭也開始冒煙！

「真好！還有七個，夠我們炒飯了！」那個不知死活的傢伙竟然為沒破的七個蛋在歡呼！一聽到他的「真好！」我……唉！

減肥

豆好端端的不知道受到什麼刺激，平地一聲雷就說自己太胖了要減肥！接近120公分，25公斤，一點都不肥，勉強要說嘛只有一些些的「夯奶」。但豆就是以堅定的口氣跟我說他要減到20公斤！我只能笑在肚子裡，他連成長都還沒長到定位，那有肥可減。也只好嗯哦的應著他。

放學回來，開口就說他只要吃蔬菜，別的不吃，這樣才能減肥！

「不好吧！吃個咖哩飯吧！」我有點困惑的試探著。

「嗯……」豆遲疑了一會兒：「好吧！」

我趕快盛了一碗咖哩飯給他，瞧他稀哩呼嚕大口的扒著，三兩下就快見底了，我有點不放心，怯怯的問：「夠吃嗎？」豆拂拂臉上殘餘的飯粒：「媽，我還要再來一碗！」這會一點都不猶豫了。

得令，我又趕快加添了一小碗給他。照舊，三兩口又吃完了，灌下一大杯優酪乳後，擦擦嘴角的殘漬，頗憂傷的踱回房間，一身子摔到床上，喃喃地說著：「這樣吃，我是不可能瘦下來了……」

「豆呀！有人說你胖嗎？你幹嘛要減肥？」我好奇的想把事情弄清楚。

「有啊！素華阿姨、乾媽都說我胖！」豆遇上這些人，大家都看到豆的成長。

「她們說你胖，是讚嘆你長得好，她們都覺得好高興！」我解釋給豆聽。

「她們是在嘲笑我！」答案終於揭曉，豆把它聽成貶意了，那些大人多無辜。

「豆啊！人家說你胖，你就要減肥，你要為自己活，還是要為別人的眼光活？火鍋店有個小女孩笑你黏著媽媽，那我以後就不再跟你相親相愛了是不是？」

「嗯……不是啊！可是……我就是太胖了！」仍是窩在床上，一動也不動。我也懶得說他了，要減就去減吧！

才做完功課，自己找了一罐玉米，唏哩嘩拉吃個精光，他說，那是蔬菜，可以減肥。下午四、五點，還不到用餐時間，豆又蹭到我身邊，「媽咪呀！妳可不可以弄十個雞塊給我吃，我肚子餓了。」我瞪著他，不再跟他談減肥的事，炸十個雞塊給他，減肥？省省吧你！

反 襪子

豆放學回家後，一進門就會開始卸除全身裝備，鞋子、水壺、書包、衣服、襪子，一面走一面脫一面丟，當脫到只剩下一條內褲時，他會躺到床上去賴一賴，說個什麼回家真好、好幸福哦等等之類的。然後再回頭開始把那些衣物收拾好，這時，洗衣籃內就會有一雙反面的襪子。

剛開始要洗這雙襪子時，我都會把它翻成正面。翻了幾次，很煩，沒耐心的媽媽就開口了：「豆啊！你的襪子脫下來時，能不能把它弄成正面的啊？這樣我洗的時候才不用再把它翻一次。」唸的時候，只是想唸，一個沒洗過衣服的孩子，他能了解其中的差別嗎？完全沒有任何期待。

「哦！」豆簡單的回了一聲，就沒下文了。沒有反抗也沒爭辯。咦？就這樣？好吧！就這樣了。

　　隔天豆放學回家後，洗衣籃裡脫下來的是兩只正面的襪子！這一驚非同小可，才六、七歲的娃，竟然這麼受教，心裡的感動真是無以名狀。從此兩人就過著幸福快樂的日子？錯！這正面的襪子只持續了一陣子，漸漸的，脫下來的襪子又不是那麼正面了。因為有看出他要把襪子翻正的企圖，但只翻了一半，襪子捲成一坨，變成襪球！再來，連一坨都懶了，脫下來又是完全反面的襪子！

　　看到襪子又是反面的時候，換我心裡一坨了！我再繼續唸他嗎？不，這是我最不願意做的事。但我也不想再替他翻襪子了，我不是那種對整齊清潔有精神壓力的人，可是看到反面的襪子，著實讓我心裡很不舒服。雖然不舒服，我還是耐著性子把它丟進洗衣機；晾好、曬好，它仍是反面的襪子。要摺它的時候，我又遲疑了，一雙反面的襪子，它考驗著我的習性、我的衝動！好吧，就摺反面的襪子吧！反正是穿在豆身上，不舒服的是他，他要是沒感覺，我又何必不舒服？再說，反襪子穿上去，等脫下來就會變正了，反反正正，一定會有正的時候。想到這兒，我心裡比較舒坦了，摺進衣櫃裡的是一雙反面的襪子。

　　第二天，豆穿著去上學的，您猜，是哪一面的襪子？答案揭曉，是正面的。他又把襪子翻正了！好吧，就是這樣了，只要耐住性子，它總有翻正的時候，只是時間點不在我的習性範圍內，尊重他，從此兩人過著幸福快樂的日子。

怪 罪

　　豆剛上學時，因為沒上過幼稚園，一個字都不會寫。抄回來的聯絡簿，歪七扭八的線條像野地裡的藤蔓，張牙糾結還爬出格線外，比認上古的楔型文字還困難。老師檢查時都會好心的用紅筆為我再寫一遍。

　　沒多久，帶回一張通知，豆拿到我面前，認真的問我：「寫什麼？上面寫什麼？」

我仔細的邊看邊唸：「三校聯合、小學生拼音比賽，優勝者獎金一千元，報名費……」豆一聽到有獎金一千元，直嚷嚷：「幫我報名，我要去！」我抬起頭看著他，不會吧？

「你連注音符號都寫不出來，你怎麼去參加比賽？」心裡想，他拿什麼跟人家比？連名字都不會寫，誰會認得你啊？

「我不管，我要去賺那一千元！幫我報名。」眼光炯炯有神，充滿了鬥志。問題是……不是所有的事只要充滿鬥志就可以。

「是校際杯的，報名費就要三百塊！你……」你是肉包子打狗，有去無回。我心裡急，嘴巴卻講不出來。

「幫我報名，我讀書就是要賺獎學金！」小小年紀志氣大！

終究我還是蒙騙打混讓他忘了這件事，不是瞧不起他，而是……他連去鬧笑話的資格都沒有，先把名字練好，讓人知道這張卷子是誰的比較重要吧！

唸了一學期，從注音到國字，短短四、五個月，總算慢慢趕上了。雖然趕上了，但寫字對他來說，仍是一件痛苦的事，筆劃不對、角度抓不準，要不一筆一劃仔細盯著，每個字看起來都像受虐兒一樣，歪的歪、躺的躺、頭大尾小，各個口歪眼斜，怎麼看都不像一個字。勉強線條都落在格子裡，卻牛郎織女各據一方，中間留著一條康莊大道！倉頡要地下有知，看到這種字，我想他寧願長睡不起。

有一天，他晃到我身邊，對我抱怨說：「都是妳！都是妳沒讓我上幼稚園，才讓我寫字寫得這麼辛苦！」磨刀霍霍向豬羊，豆是有備而來。我……我咧兔崽子！心裡覺得好笑，還來不及回，豆接著又說：「人家同學生病時都有吃藥，我生病時只喝枇杷膏！妳應該去買藥來給我吃！」豆說得鼻涕在鼻口一汲一出！我憋住笑，只管盯著他臉上認真的神情。他也在等我的回應，確定他對我的指控是否正確？唉，對你的用心你根本感覺不到，身在福中不知福，還怪我沒把你照顧好，我只有

對自己產生一個警惕，為孩子作太多，如果他不能會意，在世俗觀念的淘洗下，到頭來反而怪我讓他與世俗隔閡甚至對立，所以，真的是……

「說謝謝！感媽咪照顧你！感謝媽咪一直陪在你身邊！」沒招數了，只好把教條搬出來！

「謝謝媽咪照顧我，謝謝媽咪！」豆還是照唸了，唸得也誠心誠意，因為他知道，如果唸得敷衍了事或不甘不願，我會一直要他唸到心悅誠服為止。我沒直接反駁他，對他的指控也沒給他一個答案，是好是壞，由他自己心證，我是不能扭曲他的感受與認為。他的幸福與快樂，只有我看得到，目前只有我看得到，那條呆頭魚！

掃墓

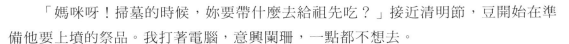

「媽咪呀！掃墓的時候，妳要帶什麼去給祖先吃？」接近清明節，豆開始在準備他要上墳的祭品。我打著電腦，意興闌珊，一點都不想去。

「我可以不去嗎？」心裡想著，火毒的太陽、混亂的場面、漫天彌漫的紙錢煙灰……

「媽咪！妳一點都不愛妳的祖先！」豆開始指控我。我沒吭聲，愛祖先？嫁出門的女兒，無法思考，繼續打著電腦。

「我知道！電腦就是妳的祖先！妳愛電腦、打電腦、整天看電腦，除了電腦，妳什麼都不愛！電腦就是妳的祖先！」豆發現了什麼定律，一口氣控訴下來。

「哈！哈！哈！」我沒反駁，繼續招呼著我的「祖先」。

三月二十九號，夫家人提前去掃墓，拜好，肚子餓，我蹲在一旁剝水煮蛋吃。順便吆喝兒子：「豆啊！你要不要吃水煮蛋？」好心的詢問，我倆一大早就出門，豆在墳場上跑上跑下，肚子應該也餓了。豆竟然張大眼瞪著我：「喂！那是給死人

吃的耶！」

「噴！」我一口蛋黃差點從鼻孔嗆出來！

報應

自從上次我去學校漏接，知道豆可以一個人走回家後，我又很高興把接送小孩這個擔子給卸下來。每次上下學時間，看到學校門口一堆阻塞交通的家長，我就覺得很無力，只能告訴自己，將來孩子唸書了，要自己走路上下學，我不會用車子去接送他的。也不難，狠狠的放了手，豆也習慣自己一個人上下學了。

整個冬天，我舒服的躲在被窩裡，豆自己起床、穿戴整齊，跑到我房間來跟我吻別後，就走進寒冷的晨曦中。早餐？他不吃，到學校喝牛奶。

然後中午的時候，我只要在陽台等孩子就好，也不用下樓了，多好命啊，我這個懶惰的母親！每次從陽台看見豆從巷口走出來，就好像看到天使一樣，期待的心情有滿足了，那感覺是很幸福的。

當然，並不是每次都可以這麼迅速的得到幸福。有時超過時間等不到孩子，還是得全副武裝，準備下樓去嚎哭一場或什麼的。但到目前為止，我都還有辦法把他從路邊找回來。有時是跟朋友跑去玩，有時跟同學的家長聊上了，或是耽擱在三采的警衛室，請警衛伯伯作公親，看看弄掉的那一塊錢到底跑到哪裡去了！然後錢不是豆

的，更不是他弄丟的……諸如此類。

今天，我還在弄午餐，時間是有點遲了，豆仍未回來，但還不至於讓我衝下樓。沒多大思緒，手機響起：「請問妳有個孩子叫林懇是不是？」一位婦人急促的詢問，背景是豆嗚咽的哭聲。

「他過馬路跌倒，哭的很痛苦，我請學校校警把他抱到警衛室，妳到警衛室來接小孩。」電話彼端一口氣講完。聽完，腦袋一空，滿懷狐疑，開了車子到學校去接豆。

一到校門口，就可以聽到豆淒厲的哭聲。我進去一看，豆坐在椅子上，左腳褲管已高高的挽起，肥嫩的小腿，沒有烏青、沒有破皮、更沒有紅腫，除了豆死命的哀嚎，那隻腿看起來完全正常！我當他只是扭到，又一貫態度，嘻嘻哈哈要轉移豆的情緒。沒啥事的腿，配上聲嘶力竭的哭聲，太誇張了！學校一位高階人員，也當豆只是拐到了，拿著萬金油過來給豆塗一塗，說涼一涼就沒事了。我也同意她的看法，架起豆，把他扶上車。但是，那個豆，在整個挪移的過程，依然是死命的尖叫。我覺得有點不妥，豆是很耐疼的……怎麼會叫成這副模樣？難不成腿斷了？不可能！他說跌在平地上，沒撞上任何東西。我也不相信好端端走在平地上跌斷腿！應該說，我不接受豆跌斷腿。

不管豆的哭嚎，我仍是辛苦的把豆又提又摟的架上五樓，讓他躺在床上，用冰敷，希望敷一敷他就沒事了。豆哭累了，睡了一覺，醒來，嚷著要尿尿，我幫忙去挪動他的左腳，這時聽到豆的腿骨發出一記清脆的聲響：叭！我整個人觸電似的跳開，但我沒出聲，也沒露出任何表情。豆又痛苦的哀了一聲，我想事情真的嚴重了。剛好阿評外出回來，我悄悄上前跟她說豆的腿有問題！我倆火速找了棍棒固定豆的腿，抱到骨科照片子。

到了診所，我仍是一副輕鬆的模樣，我想了不起骨頭裂個小縫或拐到筋什麼

的。豆在X光室裡，護著腿哇哇大叫，氣呼呼的要大家小心點。我則悠哉悠哉推著一旁的高爾夫球。等到醫師拿出豆的片子，我瞄了一眼，小小脛骨上一道明確的斷痕，我來不及思考直接放聲嚎哭！醫師、護士都被我嚇到了，剛剛不是在那扮三八、推桿推得挺高興的，怎一下子哭得這麼離譜！我看到豆小腿的脛骨活生生的挫斷開來！想到那明顯挫開的距離，忍不住開始發抖，一想到骨頭被挫斷成這個樣子，那是多大的疼痛！醫生等我稍微平靜後，跟我解釋，豆的骨頭是像扭毛巾一樣，發生螺旋性斷裂！天！

　　上了石膏拿了藥，一切混亂終於底定後，我整個人逐漸恢復正常，醫生說至少要休養六星期，我把豆扛回家。回到家，豆摟著我的脖子，又驚恐又憤怒：「我不要我的腿斷了啦！我還少年，我不要死，媽，妳已活很久了，可是我才活一點點，我不要死啦！我要像以前一樣可以起來走路啦。」豆的疼痛混雜著驚嚇與怒氣。

　　「豆，你聽我說，你身上現在有兩種東西，一個是你斷腿的痛，一個是你的生氣，你要是越生氣，就會越痛，腿就不容易好，你只要平靜下來，你的腿就會很快好起來，

你就可以再走路了。」我試著安撫豆的情緒。

「可是，我永遠都好不了了啦！我一定會死的啦！嗚……嗚……」豆完全沒有信心。一遇到退縮的豆，我的氣又被引上來，心裡也嘀咕，平平的路，走到跌斷腿，接下來還得服侍你至少六個星期。

「你腿斷了，我和阿姨還不是要照顧你，你增添了我們的麻煩，我們也沒說什麼，你現在應該感謝，還是繼續在那裡生氣？」我從另外的角度提醒豆。豆一下子又安靜下來，腦子轉了一下：「媽咪，對不起，讓妳辛苦了，真的感謝妳照顧我，我真的好愛妳！」豆溫馴的像隻小貓咪。痛已經是不得已了，只要平靜下來，乖乖就好。

接下來，豆真的是坐著吃、躺著睡，只要一吆喝，馬上有人過來服侍。他自己也發現這項特權，竟然得意的說著：「想不到腿斷了是這麼享受！」尤其是阿媽也下來陪豆一星期，豆更被捧得像太上皇，我也由他。但是我這個狠心的母親，除了斷腿第二天讓他休息以外，接下來我還是背上背下讓豆回學校去上課，絕不讓豆覺得斷腿了就可以躲在家裡不上學。

好了，每天背著一隻二、三十公斤的小豬上下五樓，開始後悔那時沒堅持控制他的體重。前些日子躲在被窩裡的幸福，如今連本帶利被討回去，不只要送他上下學，還得從床上送到學校的座位上，一步都不能閃躲，先甘後苦，因果循環，報應，真的是報應！

數 學

教豆數學，19與20，他知道差一。問他20減19等於多少？他晃著腦袋：「嗯，11或是12，嗯……還是零？」仰起頭想在我臉上搜尋答案。我耐著一肚子火，再問他19與20差多少？他知道是1。但是，20減19，他又不知答案了！這樣重

複四、五次，從19到20他知道答案，但從20減19，他就算不出來！我完全無法接受，氣得把已經打裂的不求人往桌上猛敲，又打飛了一顆算盤珠子！我繼續吼，要他把算式寫出來，豆盯著白紙上的20、19，被我吼得完全不知所措，小小的手背不停擦拭著眼角的淚水，我則是氣到無力想放棄！我不明白，為什麼？是對文字的敘述不了解，還是有一個邏輯卡住了？怎麼順推的他會算，反過來就不行？我嘆了一口氣，放下不求人，另外寫別的題目要他練習。

同一道題目，不停的要他練習，然後只在十位數上作變化，讓他了解個位數之間的關係。總算，他摸到了一點頭緒，自己也發現新大陸般破涕為笑：「原來用十的補數再加上去就好！」聽到豆這麼說，知道他終於找回了自信，不再亂猜了。

稍後，兩人平靜下來，我忍不住又問豆：「豆啊！以後你教你的孩子，他如果不會的話，你會不會生氣？」我在為自己的言行反省。

「不會，我會慢慢教，我知道，人不是一次就可以學會，而且，我也不會像妳這樣發脾氣。妳知道嗎，我很不喜歡寫功課，就是被妳教以後，妳看了受不了就會發脾氣。」豆很坦誠的告訴我，我聽了又是一身冷汗。

「那下次我教你的時候，不發脾氣，你就要很快樂的去寫功課了，好不好？」我也向豆許下承諾。

「沒有用的，妳還是會發脾氣的。」豆已經看透了我。江山易改，本性難移！發脾氣的我並不可怕，可悲的是，豆已經認定我是無法控制情緒的人。我也思考著自己為什麼會這麼無法接受豆的故障？因為他的言行舉止都很自然正常，對答之間有著一股超越的智慧，但是，這股智慧竟然無法理解

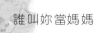
20減19等於多少？是我的包容不夠？太固執？還是，我要求得太高了？孩子可以從19順上20，但無法從20往回數到19？不管如何，眼前的事實是他真的卡住了。所以，我要接受，接受他無法從20減19等於1，即使他知道19與20差1，我真的要去接受了。

講是這麼講，我也試著這麼做。隔天去學校接豆時，老師急忙想先把豆的數學考卷找給我。她一張張翻著考卷92……90……100……100……，孩子們都考的很好接近滿分，但，都不是豆的。突然翻出一張84的，我心裡一涼，這下子完了，仔細一看，還好，不是豆的。繼續翻97……100……93……，終於找到豆的考卷，71分！咚，空氣突然變得稀薄，有點呼吸困難！我強擠著歡笑，不錯，不錯，心裡咬牙切齒！

回來，繼續教豆數學。他的邏輯只能算a加b等於c，他沒辦法反回去算c減a可以解出b。換言之，他要買一個東西（c）不夠錢（b）的話，他仍是想用加法慢慢去數出那個不夠的部分。我一教再教，舉例再舉例，他終於把c減a等於b死記下來，我鬆了一口氣。唸順了，我要他把式子寫給我看，他邊唸邊寫：「c減a等於……」我拿起他的式子一看，差點崩潰到不行！他寫出來的是：「＝a－c」，因為他是由右向左寫！哦，老天，救救我！這時腦中閃過的是一個罕見的中國文字：醢（肉醬）。我想，我起身出去看電視。古代人沒易子而教的話，是不是都把孩子剁成肉醬了。

摺青蛙

學校要考摺青蛙，豆不會，鬧著不去上課。上次去接豆時，豆就嚷著不會摺青蛙，說他的青蛙不會跳。豆的同學很可愛，拿起豆的青蛙（別人幫忙摺的）安慰著：會啦！牠會跳啦，你看！邊說邊輕巧的按一下青蛙的屁股想彈起青蛙。無奈青蛙像受到電擊，只在原地輕輕的抽搐一下，真的不會跳，豆看了更是沮喪。

明天真的要考了，豆說有點小感冒不想上學，腿斷了我都還天天背著去上學，一個小小的感冒就想遁逃？

　　「豆啊！你不是說你已經四千歲了？四千歲了怎麼不知道摺青蛙呢？」豆偶爾會冒出這樣的話，說他才不是眼前看到的六、七歲，其實他已經四千多歲了。還說，在世的時候活得好，死了才會去好的地方，在世沒活得好的話，死了也會去不好的地方；要不就是，只要每件事都靜靜的去接受，人就可以過得很輕鬆……等等之類的。豆豆上人在開示的時候，我都很仔細的聆聽。然後我會好奇的問他，四千年前是個什麼模樣？豆雙眉緊鎖，嗯，記不太得了。不記得，我也不會無禮的再去強問，反正這位四千多歲的老祖宗，可以開示很多深遂的道理，但是不會算數、不會寫字、不會畫圖，他畫的圖如果拿給心理醫師看的話，一定會從那些一坨坨烏七抹黑的線條中，診斷出這個故障兒有個不正常的母親。

　　「拜託哦！四千年前紙都還沒發明咧，怎麼摺青蛙！」豆發出嚴重的抗議，雖然有選擇性的遺忘，但某部分他還是滿清醒的。也對啦，四千年前哪來的紙。但是，管你活了幾千年，此刻的你就是得上學去摺青蛙。而且腿斷了跑不了，只能任我把他載去學校，坐在車上的豆，吱吱尖叫，宛如要赴刑場上斷頭台。我趕緊把豆背進教室，把他的吱吱叫留給他的同學和老師去處理，老祖宗啊，您多保重啦！

泳姿

　　知道豆可以閉氣潛水不怕水後，每次豆跟我去游泳，我們都各玩各的。因為我實在沒耐心去教他。以我擁有游三千公尺的實力，我也曾教豆怎麼划手、換氣；無奈，他就是學不會。不會拉倒，我還要游自己的標準池、沖舒服的SPA。

　　後來發現，豆自己玩玩後，單單踢水，就可以游頗長的一段距離。我又重新燃

起了希望，立刻上前好好指導一番。但怎樣教，他還是用自己的方式游，什麼節奏韻律都沒有，宛如一隻溺水的毛毛蟲！時而扭動、時而冒頭，更有大部分時間是溺在水裡一動也不動！

儘管如此，我還是鼓勵他從池的這端游向彼端。豆也不負期望，載浮載沈一路掙扎，果真一口氣游完二十米！有了這項了不起的成就，豆的信心大增，我也得意的不得了！母子倆在泳池裡興奮得又摟又跳！

挑戰了二十米後，沒幾天，豆又往前精進，最高來回十趟，游了兩百公尺！真是了不起，這隻載浮載沈的毛毛蟲！倒是不知情的泳客甲、乙、丙，不小心瞄到這隻毛毛蟲時，第一時間的錯覺是：這孩子溺水了！盯著沈在水裡的豆，瞪大眼、屏住呼吸僵在那裡不敢動。正想採取行動時，又看豆噗的一聲冒出水，嘩啦啦又往前蹬幾步，如此反覆幾次，泳客甲、乙、丙終於釋懷，但旋即臉上又露出不可思議的表情：哪有這種游法的？

而身為母親的我，都是泡在遠遠的按摩池，靜靜的觀看這一切。有一天，毛毛蟲又發現了新游法，手腳併用，一路狂奔。霎時，水面出現一道氣勢澎湃的水花，就像移動式的水產養殖業的打氣幫浦！衝、衝、衝，約莫衝了三分之二的距離後，突然換做太湖船的場景：山青水明幽靜靜……豆完全消失在水面！我心裡開始讀秒，五、四、三……徐徐的一顆小紅帽很謙遜的冒了出來，仍是慢慢的扭一扭，扭到終點。期間，池邊一位觀看的歐巴桑，驚訝的嘴巴從來沒有合攏過。

長 大的志願

那天我躺在沙發上看電視，豆過來賴在我身上，開口對我說：「我知道我長大要做什麼了！」臉上有著一股充滿鬥志的喜悅。

「哦……真的？你長大後要做什麼？」以前問他長大要做什麼？聽他的答案就知道他前天看了什麼卡通節目，比如當廚師（中華一番）、偵探（名偵探柯南）、科學家（科學小飛喵）諸如此類。

「我長大後要報仇！」豆的鼻孔因為興奮而張揚。

「你想打我對不對？」我笑在肚子裡。向來很少揍他，也說過不揍他，但前些日子氣他仗勢不會被打，賴皮到不像話，我趁勢甩了他肩膀，又拿他的玩具寶劍抽了他兩下屁股，豆又驚又氣，脫口而出：

「那特否！」壯著一股氣爆出一串話，唏哩呼嚕中我約略只聽到這三個音。

「你在罵人？」我也驚訝的瞪著他，豆一臉的驚恐與不服，不敢應聲。

「你生氣了對不對？」我追著問。

「對啦！」繼續用眼光盯著我，怕我冷不防又扁他一頓。我沒有，我只是好奇這小子沒混過幼稚園、安親班，聽不懂髒話，我也很少用情緒罵人，那麼……他罵的是什麼？

「你罵的是什麼？」我忘了我的憤怒，只想知道他用什麼東西罵人？

「南無阿彌陀佛！」豆也跟我放下了怒氣，認真的回答我。

「哦用佛號罵人」因為說得又氣又急，難怪我只聽到三個音節，這是我第一次被罵得這麼心平氣和。

豆見我氣消了，又開始對我心理治療：「妳就是因為小時候被外公打，現在才會遺傳，又跑來打我！」那個七月半的鴨子，就是不知死活。

「你自己沒做好，不要怨嘆我打你！講幾百次講不聽，把自己管好啦！以後你要不要打你小孩，你自己再去好好想一想！」真是懶得理他。

回到豆偉大的志願，

「那你為什麼不現在就打？還要等到以後？」豆騎在我的肚子上，我問他。

「我怕妳又把我揍回來！我打不贏妳。」很誠實的回答。

「長大後，我就不怕妳了，我就可以打回來了！」豆腦中開始幻想長大後的威武雄壯，可以海扁母親的痛快。我捏一捏豆腰脊的肥肉：「去洗碗！把你剛吃完的碗盤洗一洗！」打我？長大後再說吧！

「那特否！我不要！」

「去洗！」

豆溜下去，把剛吃過的碗盤拿起來死命的舔……，

「我把它舔乾淨……妳看，不用洗了！」把舔好的盤子又放回桌上。躺在沙發上我在想，仇家已經出現了，我是不是該上健身房去練一練舉重啦？

童 言童語

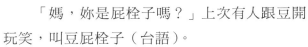

「媽，妳是屁栓子嗎？」上次有人跟豆開玩笑，叫豆屁栓子（台語）。

「不，我不是屁栓子，我是屁栓子的娘！」

　　　　＊　　　　　　　＊

豆尿床，醒來，嗒然若喪的坐在床上。我坐在電腦前，轉頭對豆唱一首自編的歌：「尿床龜，尿床龜，我家有一隻尿床龜！」輕輕柔柔，是對豆的Morning Call！

「電腦龜，電腦龜，我家有一隻電腦龜！」豆悠悠的回唱過來，還是嗒然若喪！

在大雅，豆跟著阿公阿媽去送豆花，順便把下課的阿柔接回來。

「豆啊！你這麼大了，為什麼不去學校上課？」阿柔問。

「阿柔，妳又為什麼不待在家裡要去上課呢？」豆回答。

✽ ✽ ✽

大夥在客廳看電視，房間突然傳來一陣物品破碎的聲音，我心裡有股不祥的感覺。進房一看，床頭骨磁的貓咪檯燈已粉身碎骨，而那個兇手，好整以暇的坐在床上，雙手握著不求人藏在背後：「哈呀！哈呀！哈呀！抓扒子在我這裡！」

✽ ✽ ✽

豆小完便，褲子沒穿好，故意刁擠出小鳥暴露到我面前，用頑皮的表情問我：「媽咪，妳會驚嘸？」臉上盡是促狹的笑。

「會哦！我驚得要死哦！沒看過這麼小的小鳥！」真是變態！

✽ ✽ ✽

被寫聯絡簿：上課說話。我罰豆不准看電視，豆氣死了！咒罵著同學佩瑜：「有沒有佩瑜的電話，我要去找她算帳！」

✽ ✽ ✽

「奶奶，媽咪給我十塊零用錢耶！」

「十元？十元能買什麼？」

「欸……只好買些便宜貨囉！」

「媽咪，噪音可以殺死一隻老鼠耶！」

「對啊！你都知道，那你還弄得那麼大聲！」

「可是，我們家又沒有老鼠！」

「豆啊！你不是說廣告的時候要幫我搥搥背？」
「對啊！但是……打電玩是不會有廣告的！」

　　　　✳　　　　　✳

我在掃地。
「媽咪啊！妳嘛卡認真掃咧！」
「我？認真掃？」
「對啊！說不定就可以掃到錢了！」

　　　　✳　　　　　✳

　　一堆興農迷看著職棒，突然一個小白擠到我們位置間：「兄弟加油！兄弟加油！」
　　六隻眼睛發出兇惡的眼光狠狠的瞪向豆：「為什麼替兄弟加油！」
　　「我只看得懂兄弟這兩個字，另一隊叫什麼名字？」

　　　　✳　　　　　✳

　　「我好無聊哦！我攏無伴……」
　　「那我再生一個弟弟、妹妹陪你好不好？」
　　「嗯……啊，算了！到時候妳一定還是顧著電腦和妳的網友打橋牌，然後會叫我去餵奶、換尿布、照顧弟弟妹妹，我還要幫妳倒茶、寫功課，唉！妳還是不要生好了！」

　　　　✳　　　　　✳

　　一位陌生的阿姨對豆說：「妳媽媽看起來好年輕哦！」

「哦，可是……她已經結過婚了！」

　※　　　　　　※　　　　　　※

「媽咪，妳要對我好一點，因為妳只有一個兒子，如果我死了！妳就沒兒子了！」

「錯！如果你死了，我還可以再生！倒是你才要對我好一點，你只有一個媽，如果我死了，你就沒有媽媽來愛你了！」

「錯！如果妳死了，我還有阿媽跟爸爸，他們會更愛我！」

　※　　　　　　※　　　　　　※

「媽咪，以前我都是吸妳的奶對不對？那妳的奶被我吸光後，胸部是不是變得像我一樣扁了？」

　※　　　　　　※　　　　　　※

「豆啊？你上學前是不是有看電視？」

「妳怎知道？」

「我不知道，我在問你啊！」

「是啊！妳為什麼要問？」

「我只是想知道，問問看。」

「沒事別亂問！」

　※　　　　　　※

「現在內政『褲』對小朋友比較好，
被爸爸媽媽打的時候，可以打113這支電
話！」

◎後記

我很快樂，我真幸福呢！

　　把豆帶出來時，也曾迷惘一陣，找不到一個明確的方向，情緒起伏很大。那時常對朋友說，豆在我精神、肢體的糟蹋虐待下，如果沒有人格扭曲的話，他可以活得很好。後來，換豆情緒不穩時，也著實教我折騰好一陣子。那時換我有一個感覺，在豆的蹂躪糟蹋下，我如果沒有精神分裂，才真的是可以活得更好。現在，兩人功力都較量得差不多了，誰也折磨不到誰，誰也砍傷不了誰，「我們」都可以在生活步調中找到一個相互尊重的平衡點。這不是我們一致的話，至少，我是！我不是豆，沒辦法替豆回答。

　　有時問豆快不快樂？幸不幸福？豆都拉高尾音誇張的回說：「我很快樂！我真幸福呢！」完全是我的版本，精神勝利法的阿Q版本，那時反而會讓我迷惑，豆，你當真是快樂了？管他，我非魚，管魚樂不樂？只要確定我是快樂的，那就是標準答案了。

　　尤其豆漸漸長大了，慢慢落入一個理性的圈套，聽得懂威脅利誘後，變得很好拐了！在以前，電視根本輪不到我看；現在呢，只要拿出母親的威權，就可以壓迫他把遙控器交出來去唸英文！儘管他會哀哀叫，說：「世界上根本沒有英文這個東西！不！不！不！我不要去唸英文，內政『褲』對小孩比較好，我要打電話去內政『褲』！」內政「褲」都沒有用，我還跟你警政「鼠」咧！

　　有時候想想還真是興奮，當母親的是我，我大！可以支使這個小囉嘍來服侍我，而不是在他的淫威底下委屈自己，天底下還有哪一個人可以如此任我吆喝差遣呢？

哈！哈！哈！當母親實在太幸福了！

＊ ＊

「豆，去幫我倒水！」
「冷的？溫的？熱的？」
「溫的！」
「夫人，您的茶來了！」

廣　告　回　信
臺灣北區郵政管理局登記證
北　台　字　第 8719 號
免　貼　郵　票

106-□□
台北市新生南路3段88號5樓之6

揚智文化事業股份有限公司　　收

□□□-□□

地址：　　市縣　　鄉鎮市區　　路街　段　巷　弄　號　樓

姓名：

Leaves
Publishing

書號 L8101　　　書名　誰叫妳當媽媽

葉子出版股份有限公司
讀・者・回・函

感謝您購買本公司出版的書籍。

為了更接近讀者的想法，出版您想閱讀的書籍，在此需要勞駕您詳細為我們填寫回函，您的一份心力，將使我們更加努力！！

1.姓名：＿＿＿＿＿＿

2.性別：□男 □女

3.生日／年齡：西元＿＿＿＿ 年＿＿＿月 ＿＿＿ 日＿＿＿歲

4.教育程度：□高中職以下 □專科及大學 □碩士 □博士以上

5.職業別：□學生□服務業□軍警□公教□資訊□傳播□金融□貿易
　　　　　□製造生產□家管□其他＿＿＿＿＿＿

6.購書方式／地點名稱：□書店＿＿＿＿□量販店＿＿＿＿□網路＿＿＿＿□郵購＿＿＿
　　　　　　　　　　　□書展＿＿＿＿＿□其他＿＿＿

7.如何得知此出版訊息：□媒體＿＿＿＿□書訊＿＿＿＿□書店＿＿＿＿□其他＿＿＿＿

8.購買原因：□喜歡作者□對書籍內容感興趣□生活或工作需要□其他

9.書籍編排：□專業水準□賞心悅目□設計普通□有待加強

10.書籍封面：□非常出色□平凡普通□毫不起眼

11.E-mail：＿＿＿＿＿＿＿＿＿＿＿＿＿＿＿＿＿＿＿＿＿＿＿

12喜歡哪一類型的書籍：＿＿＿＿＿＿＿＿＿＿＿＿＿＿＿＿＿＿＿＿

13.月收入：□兩萬到三萬□三到四萬□四到五萬□五萬以上□十萬以上

14.您認為本書定價：□過高□適當□便宜

15.希望本公司出版哪方面的書籍：＿＿＿＿＿＿＿＿ ＿＿＿＿＿＿＿＿＿

16.本公司企劃的書籍分類裡，有哪些書系是您感到興趣的？

□忘憂草（身心靈）□愛麗絲（流行時尚）□紫薇（愛情）□三色堇（財經）

□ 銀杏（健康）□風信子（旅遊文學）□向日葵（青少年）

17.您的寶貴意見：

＿＿＿＿＿＿＿＿＿＿＿＿＿＿＿＿＿　＿＿＿＿＿＿＿＿＿＿＿＿＿＿＿

☆填寫完畢後，可直接寄回（免貼郵票）。

我們將不定期寄發新書資訊，並優先通知您
其他優惠活動，再次感謝您！！

Leaves
Publishing

根
以讀者爲其根本

莖
用生活來做支撐

葉
引發思考或功用

果
獲取效益或趣味